懒父母的巧智慧

——儿童思维程序学

郑永生　著

SPM 南方出版传媒

全国优秀出版社　全国百佳图书出版单位　广东教育出版社

·广州·

图书在版编目（CIP）数据

懒父母的巧智慧：儿童思维程序学 / 郑永生著. —广州：广东教育出版社，2020.3
ISBN 978-7-5548-3241-7

Ⅰ.①懒… Ⅱ.①郑… Ⅲ.①儿童—思维训练②儿童教育—家庭教育 Ⅳ.①B80②G782

中国版本图书馆CIP数据核字（2020）第021831号

责任编辑：鲁锡华　张文良　周　荀
责任技编：涂晓东
装帧设计：李博威　林晓如
插　　画：李博威

Lan Fumu De Qiao Zhihui——Ertong Siwei Chengxu Xue
懒父母的巧智慧——儿童思维程序学
广 东 教 育 出 版 社 出 版 发 行
（广州市环市东路472号12-15楼）
邮政编码：510075
网址：http://www.gjs.cn
广东新华发行集团股份有限公司经销
佛山市迎高彩印有限公司印刷
（佛山市顺德区陈村镇广隆工业区兴业七路9号）
787毫米×1092毫米　16开本　12.625印张　250 000字
2020年3月第1版　2020年3月第1次印刷
ISBN 978-7-5548-3241-7
定价：58.00元
质量监督电话：020-87613102　邮箱：gjs-quality@nfcb.com.cn
购书咨询电话：020-87615809

序一

智慧轻松、科学有效的育儿之道

一个孩子从降生到世间，就开始用他的听觉、视觉、触觉乃至整个身体感受这个世界，犹如海绵般吸收着一切。0~6岁的成长阶段，对孩子非常重要，因为这个阶段是孩子人生的信念、思维、人格等形成的关键时期。

在这个时期，父母起着决定性的作用。父母是孩子的第一任老师，家庭是孩子的终生课堂，父母的一言一行，都在潜移默化中影响着孩子，决定着他的人生。

父母对孩子的爱是天生的、自然的，我们都希望孩子成长为一个独立而丰沛的人，拥有幸福美好的人生；然而为人父母，也有自己的局限性。如果我们看不到自身的局限，看不到孩子独一无二的天性，看不到孩子与生俱来的无限潜能，那么，我们如何知道，什么样的爱才是真正的爱，什么样的教育才真正适合孩子，什么样的陪伴才能让孩子成长为如他所是最完美的样子？

孩子于父母，是一份极其珍贵的礼物，而父母给予孩子最好的回赠，就是智慧的陪伴和引领。学习成为智慧的父母非常重要，而智慧轻松、科学有效的育儿之道，相信你会在《懒父母的巧智慧——儿童思维程序学》一书中找到想要的答案。

奥南朵 Anando

全球心理学领域著名导师

英国 ASHA 基金会女性成员之一

全球“240 位全球最具影响力和启发性的成功女性”之一

序二

始于智力培养，终于人格健全

郑永生先生是家长教育的卓越专家，也是我的至交好友。他在家长教育领域深耕多年，同时，他还是一名勤奋的作者。近日他致电我，告知他的新作即将面世，并且交给我一个重要的任务——为此书作序。

几十年来，我看过的书不少，不经意打磨出了对书籍“成色”的敏锐嗅觉，因此，翻读未几，我已经相当肯定这本书趣味性、专业性、创新性并重，知识与技能满载！直到全书阅毕，我收获的不仅有快乐，更有惊叹。多年苦寻答案未果的问题，不期然于郑先生的新书中得到启发，心头豁然开朗。我深信，即便别的读者未必有如我这般强烈的阅读快感，但是书中立论之新颖，讲解之透彻，为人父母者阅后，毫无疑问将一扫郁积心中的诸多育儿疑团。

人之初，究竟性善还是性恶？这一直是我的兴趣所在，而在各大宗教教义，各个哲学、心理学流派中也都是基础命题。历时千百年的探索和争论，不仅仅是为了证明谁对谁错，而是它从根本上关乎生命展开的维度以及生命超越的可能性。

离“人之初”最近的显然是璞玉般的儿童，他们的内心，犹如一张几乎没有涂鸦的白纸，一杯几乎未被污染的净水，为我们提供了人性原初到底是善还是恶的绝佳考察对象。

相信许多人都曾发出过以下疑问：如果人之初性善，为什么还要培育孩子高尚的品格？如果人之初性恶，为什么孩子会有善良的行为？如果兼有善恶，那么善恶如何共存，又是如何彼此制约从而影响了性格、人格的形成？

所有这些提问，郑先生在书中都进行了详尽的解答。郑先生认为，孩子生来是善良的，大人们应该保护这种善性，让孩子自然地成长。但是，当大人的恶习感染了孩子，孩子在不经意间也就染上了恶习，这时就需要加以制止和消除。所以，教育孩子分两个方面，一是保护孩子的天性，让他们自然成长；二是帮孩子克服后天不良的习性。至此，书中内容应该说仍波澜不惊，观点也多少有些平淡无奇。但郑先生的着眼，不是试图卷入持续了千百年的善恶辩论赛，而是给出治病药方；另一方面，如果病因判断错误，那也不能指望医生能开出正确的方子。

我为什么笃信郑先生是位出色的“医生”？因为他的书，是家长教育实践的一次总结，换言之，在其教育实践已经经受了时间的考验，同时具备了普遍性、可重复性后，他才极其谨慎地用文字记录下心得。所以，我认为，这本书的每一页、每一段，都值得细细品读，慢慢消化。

教育，如果无法在“教”和“育”两个支点上落地，那么再堂皇的理论构建都无异于画饼充饥。比起心性论，为人父母者更期待的是方法论，因为这才是他们所能依凭的教育孩子的工具，其重要性也就不言而喻了。因此，这本书用了尽可能多的篇幅教导家长们在操作层面怎样保护孩子的善性，稀释孩子的恶性。书中给出了对6岁前儿童的教育方法，创造性地提出了“儿童六感理论”，即在孩子成长过程中，形成“安全感”“满足感”“自主感”“愉悦感”“宁静感”“真实感”六个方面的正面感受，为健康人格的全面发展，为孩子的未来铺就了一条光明大道。

错误的儿童教育，往往会代际传递。为什么有的家族每代都会出现不肖子？这其实是灾难性的后果，之于家族，之于民族，之于国家皆然，可是却很少人能意识到它的严重性。梁启超说过，“少年强则国强”，反过来思考，很容易能得出代际传递的错误教育观念蕴藏着何等巨大的负能量！

所以，这种现象必须终结！

这就是郑先生的使命所在，也是盘古树家长教育机构全体同仁的崇高信仰。如果我们每个人都去传播践行这种新的教育理念，我们的国家和民族将变得更好。

方塘

广东老鬼谷集团董事长

中国策划协会顾问

诸葛亮智慧奖获得者

中国融道网—中国融资渠道战略顾问

前　言

中国自古有一句话“三岁看大，七岁看老”，这是有科学依据的。孩子从呱呱落地开始，人生的前几年是如何度过的，将与他的一生息息相关。

0~6岁是孩子迅速发育的阶段，他们会通过听觉、视觉、触觉乃至整个身体感受这个世界，犹如海绵般地吸收着大量的信息。如果把一个孩子比喻为一台全新的机器，那么，在这个阶段，家长就是这台机器的打造者。

一台机器是在不断运行的，然而，操控机器运行的，是植入机器内部的思维程序。在孩子人生的前几年，父母为孩子植入什么样的思维程序，将奠定孩子的基础，影响孩子的一生。

目录

Contents

第一章　儿童思维程序

第一节　什么是思维程序 ……1

一、世界上最大的力量 ……1

二、思维程序就是一个自发性系统 ……4

第二节　儿童思维程序的分类 ……9

一、先天思维程序 ……9

二、后天思维程序 ……20

三、你有育儿焦虑症吗？ ……25

四、父母两大忌，你犯忌了吗？ ……30

第三节　思维程序是如何运行的 ……33

一、心和脑 ……33

二、真正的教育，是心和脑的完美结合 ……44

三、什么样的幼儿园更适合孩子？ ……47

第四节　思维程序是如何建立的 ……49

一、把握思维程序建立的关键期……49

二、已经建立的思维程序会不断复制、代代传承 ……53

第五节　如何植入良好的后天思维程序……56

一、植入良好的后天思维程序的基本法则 ……56

二、思维程序植入的四个维度 ……62

三、如何通过四个维度植入思维程序？ ……71

第六节　如何解除不良思维程序……74

一、解除不良思维程序的基本法则 ……74

二、解除不良思维程序的方法 ……76

第七节　小结 ……82

第二章　孩子的“七情六感”

第一节　如何读懂你的孩子

——大数据育儿 ……88

第二节　读懂孩子的“反馈”信息 ……90

第三章　安全感

第一节　什么是孩子的安全感 ……93

一、安全感的对立面是什么？ ……93

二、孩子的安全感是怎么被破坏的？ ……94

三、孩子的不安全感最重要的来源 ……97

第二节　如何解除不安全感……100

一、解除不安全感的方法之一：早、简、素 ……100

二、解除不安全感的方法之二：见光死 ……101

三、解除不安全感的终极方法：豁出去 ……102

第三节　如何建立孩子的安全感 ……105

一、恰当的分离和融合 ……105

二、过多的分离或者过多的融合 ……107

三、充足的触感 ……108

四、好人 VS 坏人 ……109

第四章　自主感

第一节　什么是自主感 ……112

一、行动源自脑 ……112

二、行动源自心 ……112

第二节　是什么破坏了孩子的自主感？ ……115

一、缺乏自主感的两大特征 ……116

二、认识制约 ……117

第三节　如何培养孩子的自主感 ……120

一、身为父母要学会耐心等待 ……120

二、用心说“是”，用脑说“不” ……125

三、作为父母要学会引导 ……126

第四节　如何保护孩子的自主感 ……130

第五节　小结 & 育儿知识问答 ……133

第五章　真实感

第一节　什么是真实感 ……135

第二节　还孩子真实感的外在世界 ……136

一、虚假的世界 VS 真实的世界 ……136

二、回归大自然 ……136

第三节　还孩子真实感的内在世界 ……139

一、透过思维程序看世界 ……139

二、思维程序要与时俱进 ……141

第四节　还孩子真实感的父母 ……142

一、百术不如一诚 ……142

二、做真实的父母 ……144

第六章　愉悦感

第一节　什么是愉悦感 ……146

第二节　愉悦感去哪里了 ……148

第三节　如何回归愉悦感 ……150

第七章 满足感

第一节 什么是满足感 ……156

第二节 为什么满足感会日渐减少 ……158

一、满足感的对立面 ……158

二、不满足感源于未完成事件 ……159

第三节 未完成事件 ……163

一、欲望和需要 ……163

二、孩子的欲望从何而来 ……165

第四节 如何让孩子拥有满足感……170

一、孩子的满足感是什么？ ……170

二、作为父母，要从两个层面让孩子拥有满足感……172

第五节 育儿知识问答 ……174

第八章 宁静感

第一节 什么是宁静感 ……176

第二节 孩子的宁静感是如何被破坏的……178

一、过度的人为干扰 ……178

二、物质选择过多 ……179

三、电子产品的危害 ……179

第三节　如何保护孩子的宁静感 ……182

一、给孩子足够的独处时间 ……182

二、减少物质选项 ……182

三、严格控制孩子接触电子产品的时间 ……183

四、确保孩子有充足的睡眠时间 ……184

第四节　育儿知识问答 ……185

结语篇 ……186

第一章　儿童思维程序

第一节　什么是思维程序

一、世界上最大的力量

你们知道这个世界上最大的力量是什么吗？

是重复！重复是世界上最大的力量。

举几个常见的关于重复的例子。譬如“水滴石穿”，水能把石头滴穿，不是水的力量，而是重复落下的力量。譬如“铁杵磨成针”，日复一日地摩擦，能将铁杵磨成一根细细的针。

类似这样的重复充满了力量。再普通的事情，如果反复去做，就已不再是简单的重复，而是不断的植入和重塑。这就是重复的力量。

思维程序是什么？思维程序便意味着重复。

“合抱之木，生于毫末；九层之台，起于累土；千里之行，始于足下。”

粗大的树木都是由小树苗长成的，大事是由小事逐渐发展演变而来的。我们的孩子长大后，是否成为一棵合抱之木，要看从小的一点一滴。为什么孩子的教育那么重要？就好比一棵树，如果在它还是小树苗的时候用心浇灌，它就会慢慢长成一棵枝繁叶茂的参天大树。反之，如果没有用心培育小树苗，待它长大以后才发现长歪了，要重新掰直它会非常难，而从它还是小树苗时就开始培育则容易得多。

学习思维程序，就是学习重复的力量。日常养育孩子，你说的每个词语，做的每一件小事，都在持续地影响着你的孩子。孩子每天重复接收的信息，无论是正向还是负向的，都会内化为孩子的思维程序，而这种思维程序一旦形成，就将指挥、操控他的一生。

那么，什么才是思维程序？只有经常性无偏差的重复方能算思维程序！

孩子成长过程中都有所谓的敏感期，你会发现敏感期多达几

十种，譬如语言敏感期、空间敏感期、诅咒敏感期、婚姻敏感期、性别敏感期，等等，女孩子还有明显的审美敏感期。敏感期如此之多，作为家长，通常很难准确地把握孩子的每一个敏感期。那是不是我们就因此感到焦虑呢？其实大可不必。

根据思维程序学，敏感期只是一个阶段性的现象，不会长时间地重复发生。既然是阶段性的现象，就肯定会有终结的一天。

举一个例子，一个朋友的四岁的小女孩有段时间说话结巴，而且比较严重，孩子的奶奶非常担心。但在我看来，这并不值得紧张。我让他们观察一段时间，如果孩子结巴的现象不超过一个月，就不用管它，超过一个月才需要干涉。为什么？因为从儿童思维程序学来说，这不是重复的现象，只是偶发性的，后来的事实证明，这个孩子只是结巴了两三个星期，就恢复了正常。

又譬如有些孩子在某个阶段喜欢打人，有时孩子会说："打死你。"有些孩子还讲粗口，父母们会很紧张，担心孩子是否养成了什么不好的习惯，急于想办法纠正。

其实，父母需要明白，每一个敏感期都只是一个阶段性的现象，不是思维程序，允许孩子自然地度过这个敏感期，并不需要过多的担心和人为干预。

重复发生才称为思维程序，偶然发生不是思维程序。

思维程序是处处可见、涵盖多个方面的，儿童有思维程序，成人也有思维程序。

成人思维程序，譬如迟到，有人会习惯性迟到。我跟一个朋友约定十二点在某餐厅吃饭，对方答应了，这就相当于签订了一份口头协议，对方如果迟到了，便相当于没有履行协议。如果对方总是习惯性迟到，连一个如此简单的约定都屡次失约，试想谁敢和他签一份更大的合约？如果你有迟到的程序，就很难获得别人的信任。

"喜欢打断别人说话"，这也是一个程序，如果只是一两次并不可怕，但经常这样就会不经意间得罪人。还有坐电梯不礼让，最基本的"先下后上"规则都没有遵守。这些都是日常生活中很小却很不好的思维程序。

二、思维程序就是一个自发性系统

家庭是孩子的第一所学校，父母是孩子的第一任老师。

身为父母，我们要教育孩子，前提是要懂孩子。就像种花、养鱼或开车，也要先懂花、懂鱼、懂开车。但普遍现象是，家长“无证办学”“无证上岗”，很多家长并不知道如何教育孩子，因为他们并不懂孩子，也没有系统性地学习如何做父母。

培养孩子形成良好的性格，最重要的时间段是在6岁之前。为什么？因为6岁之前是父母为孩子植入思维程序的最好时机。0~6岁期间，孩子接收到的所有重复性的信息都会内化到孩子的心里，成为内在的模式。这一套内在的模式形成了孩子一生的思维程序，决定了孩子的命运。这些思维程序与孩子的学业、事业、婚恋以及将来为人父母等有着丝丝入扣的对应，思维程序真正决定着孩子人生的起点。

思维程序是一个重复的自发性系统，即当一个特定的事件发生，就会有一个相对应的思维程序自动运行，就像我们平时说的“如果……就……”“当……就……”“我总是……”，等等，这个过程是自发的。

例子

捡贝壳

有一个生活在海边的孩子，一天早晨，天还没亮，他便起床去海边捡贝壳，他一边走一边捡，有时候捡到的是石头，有时候捡到

的是贝壳。当捡到石头时，他看一眼，确认是石头，便随手一扔，然后继续低头捡。就这样，他不断地捡、不断地扔，这个动作一直在重复。直到有一次，他捡起一块“石头”，习惯性地瞄一眼，便随手扔了出去，当“石头”落入海中，他突然回过神来，刚刚捡到的那一块并不是石头，而是一个贝壳。但他重复捡和扔的动作已经形成了一个思维程序，在他还没来得及思考的时候，他已经把扔这个程序自动运行起来了。

这是不是代表一个思维程序已经形成？

你现在拿起手机刷手机，你会经过思考吗？你无意识地掏出手机、打开、用手指来回地在屏幕上刷，其实可能手机上一条新的信息都没有，但刷手机的动作已经变成了思维程序，人们每天无意识地重复这个动作，不知不觉在手机上浪费了很多时间。

思维程序意味着重复：人为重复—形成思维程序—自动重复。

有些孩子总是撒谎，有些孩子总是偷东西，有些孩子回到家总是玩手机，有些孩子回家总是捧着书看……当某种行为很长一段时间总是发生，便意味着已经形成了思维程序，一旦形成思维程序，就会自动重复运行。就像你每天用右手拿钥匙开门一样，这不需要别人提醒，因为它已经是自动的思维程序。

我会推着你前进，也可以将你带向失败的深渊。

我完全遵从于你，你想要做的事情，只要交给我，我必定能准确而高效地完成任务。

其实我很容易被约束，只要你明确地告诉我你所希望的，多练习几次，我就会自发地完成任务。

我是很多圣人的仆从，同时我也是很多失败者的同盟。圣人之所以名垂千古，得益于我的倾囊相助，失败的人之所以失败，我就是那个导致失败的罪魁祸首。我不是计算机，但是我可以像计算机一样精准运行。你可以因我而走向人生的巅峰，也可能因我而跌落人生的谷底。对于我来说，两者毫无差别。

对我严加训练吧，我会把世间的所有美好呈现给你；千万别放任我，否则，我会让你一生碌碌无为！

我是谁呢？

我就是思维程序

据说数据高手可以通过几十个微信朋友圈点赞，分析出人们的年龄、性格、偏好，因为通过这些数据可以看到蕴含在其中的思维程序。

举个例子，如果孩子从小形成了一个爱占便宜的思维程序，我们基本可以断定这个孩子长大后的人际关系不会很好，这个是很可信的。

试想一下，如果我只占你一次便宜，你还是我的朋友；但如果我经常性地占你便宜，“占便宜”是我的思维程序，你还会做我的朋友吗？还有爱迟到、爱发脾气等，通过这些思维程序，可以预测很多东西。

至此，我们会发现，“思维程序”这个概念其实和我们平常所说的“性格”或者“习惯”很相近，然而“性格”会容易让我们感觉是很难改变的，俗话说“江山易改，本性难移”，“习惯”又会容易让我们感到只是涉及外在的行为层面。其实，对一个人影响最深远的是内在的“思维”，而这个思维就好像“程序”一样可以植入、编写和修改，所以合在一起就有了“思维程序”这个概念。

人们常说，“三岁看大，七岁看老”，一个人在童年一旦形成思维程序，他接下来的人生都会跟着思维程序自动运行。

作 业

观察自己的生活，总结自己和孩子身上的思维程序，如“如果……就……”“当……就……”“我总是……”，等等，写下来。

第二节 儿童思维程序的分类

孩子的思维程序分为先天思维程序和后天思维程序。

一、先天思维程序

1. 身体自动自发的反应：饿了就吃、困了就睡、急了就上厕所、冷热自知、好奇心、天赋，等等。

先天思维程序是与生俱来的，这些都是作为一个人的本能。

但是，很多父母并没有尊重孩子的先天思维程序，总是想控制孩子，譬如有些家长认为到点就要吃、到点就要睡，有一种冷叫作“妈妈觉得你冷”，还经常要把屎把尿……

想象一个场景：

妈妈端了一碗饭给宝宝，说："宝宝，吃饭时间到了，快吃吧。"

宝宝："我不想吃，我不饿。"

妈妈："这是妈妈从东北采购回来的大米做的，很好吃的。"

宝宝："我不想吃。"

妈妈："那我加点蜜糖吧，真的好吃，快吃！"

宝宝："我不吃，我现在不想吃。"

妈妈："非洲那边每天都饿死很多人的，你居然不吃？"

宝宝："我真的不想吃！"

这个时候，脾气不好的妈妈是不是可能要开始责骂孩子了？

同样的道理，不想睡却被逼着睡，对于孩子来说也是非常痛苦的。孩子就像电池一样，当他的"电量"用完了，困了就自然会睡觉，所以出去旅游的时候睡觉不会成为一个问题。现在的孩子严重缺乏户外运动，很多家长为了自己轻松就把孩子圈定在室内，限制了孩子的活动范围，一整天下来，孩子的"电量"没有得到有效的消耗，自然就不困，也不想睡觉。

还有，把屎把尿的危害也很大。在家里，父母帮孩子把屎把尿，当孩子上了幼儿园，有些幼儿园规定时间上厕所，孩子根本没有自主如厕的机会。孩子是有肛欲期的，肛欲期大概在一岁半到三岁半，如果在这期间经常性地被把屎把尿，孩子对自己身体的感知会出现混乱。

如果你不饿，硬要你吃东西，如果你不急，硬要你上厕所，如果你不困，硬要你睡觉，你有什么感觉？

很多家长因为自己内在的焦虑，看到孩子到点不睡、到点不吃、太久没有上厕所就会很紧张。其实孩子天生有着强大的生存能力，他们是非常敏感的，只要他们不被打扰，就不会有什么问题。

先天思维程序经常被破坏的孩子，感受能力会变差。

你如果管他吃饭，他觉得吃饭就是痛苦；你如果要管他学习，他觉得学习就是痛苦。

困了就睡，饿了就吃，急了就上厕所，就是这么简单的道理，这些先天思维程序都是自动发生的。

控制是最坏的教育，当你控制孩子，孩子自己的意志就不存在了，存在的是父母的意志，尤其是控制孩子的先天思维程序。一个人如果连生而为人的本能都无法自主运作，那么他在一生中就会感到无穷无尽的痛苦。

好奇心是先天思维程序，也是孩子与生俱来的。

很多人都学过英语，回想一下你们学英语学了多久。从初中到大学，估计超过十年了，但是，能用英语自如交流的人却很少。但孩子呢，学会一门语言需要多久？据说一般是两年。

现在的父母都很喜欢探讨一个课题，就是“如何让孩子爱上学习”。如果你想让孩子爱上学习，单从技巧上去培养，孩子很难真正爱上学习。但如果你从孩子的先天思维程序，即好奇心上去探索，让孩子爱上学习的概率会大大提高。

孩子天生有好奇心，他们怀着本能的探索欲望，去感知世界的一切，他们能在两年内学会一门语言，他们的学习能力丝毫不差，但为什么孩子越长大，越不爱探索，越不喜欢学习？很简单，因为他开始变得对周围的一切不感兴趣了。

孩子经常会问很多问题，如果有一天孩子不再问问题，对周围的一切不再有兴趣，那肯定是他的好奇心被破坏了，他的兴趣被成人打扰或压抑了。

家里买了新的玩具，孩子喜欢左右摆弄，喜欢把玩具拆解，你们会让孩子拆玩具呢，还是想引导他好好玩，不要把玩具弄坏？在大人眼中，孩子把手上的玩具拆掉就是捣乱，而在孩子的眼中，拆解玩具是一个释放好奇心的过程。玩具重要，还是保护孩子的探索欲望更重要？

当孩子有十万个为什么时，你每次都会认真回答吗？孩子提出疑问时，你的每一次回应对于孩子来说都很重要。如果孩子提出的一些问题你真的答不了，你可以在网络上或者书籍中找资料，再认真地回答他。

如果孩子喜欢科学，就多带他去科学馆；如果孩子喜欢小动物，就多带他去大自然。

好奇心是儿童的一个重要标志。孩子出生后就开始对自己感兴趣的东西深感好奇。这种天生的思维程序会被某一事物触动、刺激，并驱使孩子去探索。

父母发现这一点，对孩子的成长尤为重要。父母要保护孩子的好奇心，保证孩子的好奇心能自由发展、不被打扰。

2. 应激反应系统。

还有一个先天思维程序是“应激反应系统”，这个系统几乎会出现在生活中的每时每刻。

想象一下，当你走在一条小道上，突然听到旁边的草丛里发出一些“咝咝咝”的声音，好像有蛇在草丛中爬行，你是不是会有点害怕，甚至怔住？如果真的有一条蛇突然出现你面前，你肯定是马

上弹开，而不是先分析这条蛇是有毒还是没毒，然后再做出反应。

当你炒菜时，一滴油突然飞溅过来，你会本能地马上闪躲，而不会先分析：哦，油飞过来了，那我要躲开。你完全不会有思考的时间，这是本能，你的应激反应系统被自动触发了，你只会立刻做出反应。

自然界中也有应激反应系统。众所周知，兔子怕老鹰。兔子很聪明，它知道自己不是老鹰的对手，所以它会装死。当老鹰飞走了，兔子站起来后，第一时间会做什么？它会抖动身体，把身上的紧张抖掉。

当威胁发生时，你的身体做出很多反应，如血压升高、心率加快、血液会凝聚到身体某处、呼吸会卡住，等等。这些反应都是应激反应系统为了战或逃而做出的准备。

生活中有许多场景会让你的应激反应系统一直被触发：

譬如，你要参加一个很重要的会议，但路上塞车了，这时候，你会开始紧张，你的威胁来了；

譬如，你在买早餐，有很多人在排队，刚好今天上班的收银员是新来的，很不熟练，后面排队的人还在不断催促，这时你会紧

先天程序—应激反应系统

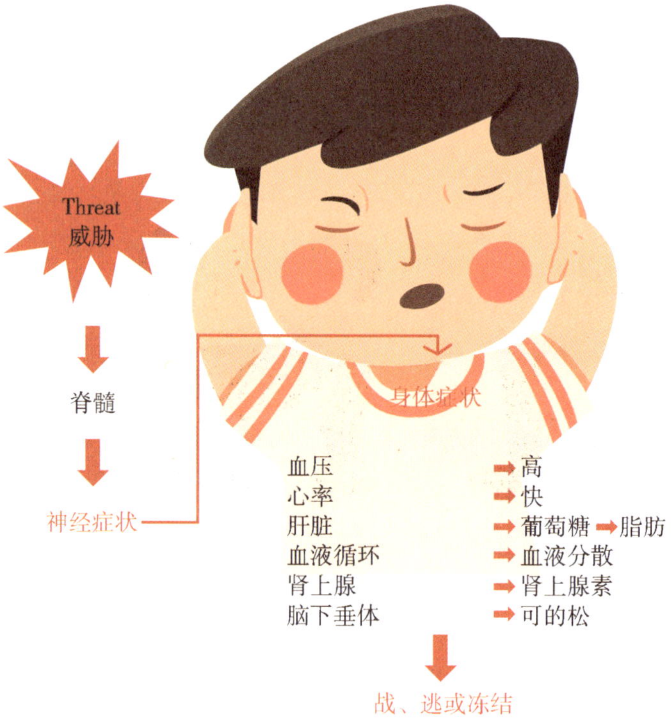

张，甚至有点愤怒，可能你会迁怒于收银员，或者自己生气；

譬如，你刚好在红绿灯的第一个位置，刚转绿灯，你还没来得及起步，后面的车已经不断地响着喇叭，这时你会开始着急，用最快的速度放手刹、挂挡、踩油门，恨不得马上起步；

……

现实生活中我们的应激反应系统总是在被触发，当威胁出现，我们要么去战斗，要么逃跑。如果无法战或逃，身体便会做出第三种反应，就像上面说的兔子，兔子会装死，身体会进入冻结状态。在生活中，当应激反应系统被触发时，最常出现的是第三种反应，即冻结。

如果经常性冻结，人的身体就会变得越来越僵硬。

而孩子的身体是非常柔软的，尤其是6岁以下的孩子。如果父母不懂得这个先天思维程序，就会在不知不觉中触发孩子的应激反应系统，而孩子通常不会跟我们战斗，也不会逃跑，而是会出现第三种反应，这样的孩子就会变得越来越僵硬、越来越麻木。

一次，我在电梯里看到一个爸爸和一个孩子走进来，孩子一边走一边拍着篮球，本来是非常活泼的，这时爸爸突然大声责备孩子："站好，打什么球！"那个孩子立刻僵住了。

再举一个例子，有一个孩子平时是由奶奶和保姆负责幼儿园接送的，奶奶和保姆是"分工合作"的，保姆负责帮孩子穿鞋子、准备书包，奶奶则会提前去按好电梯，电梯一来就一直催促"快点快点，电梯来了"。电梯还会发出"滴滴滴"的响声，整个气氛会被渲染得非常紧张，大人的应激反应系统被触发，同时大人的催促也会让孩子的应激反应系统被触发。

思考

孩子正在专注地玩玩具，这时候妈妈急着要走，可是孩子不肯走，妈妈尝试多叫几次，但孩子都无动于衷。这时候，如果你是这位妈妈，你会如何在保证孩子的应激反应系统不被触发的情况下，引导他跟你走？

作 业

想一下现在的你在什么场景中会觉得紧张，或者有身体冻结的感觉？

威胁有很多种，有些威胁是真实的，譬如被打、被骂，或者突然有一条蛇出现在你面前。而有一些威胁未必是真实的，这些威胁是心理层面的，心理层面的威胁同样会触发应激反应系统。

譬如让你上台介绍一下自己，你会思考别人会怎么看你，这种想法也在触发应激反应系统。如果小时候父母总是拿你和别人比较，即便父母没有责备你不如别人，仅仅是这种比较也在触发你的应激反应系统。

如果你要活得柔软，你要学会总结，什么时候你会紧张，什么时候你的呼吸是卡住的？是迟到的时候，别人否定你的时候，股票下跌的时候，还是孩子成绩不理想的时候？

在家庭里，你的情绪反应，孩子都会直接感受到，并深受影响。当你经常处于紧张状态，你的孩子也会容易紧张。

我们的身体毒素很多都来自应激反应系统。受到威胁的兔子在威胁解除时会把紧张所携带的毒素抖掉，但我们不会。举个例子，如果你在办公室被老板骂，你会跟他战斗，或者骂回他吗？或者你会逃吗？你是否会跟老板说“我现在有点紧张，我要离开一会”？答案通常是不。你大部分时间都会是第三种反应——让自己冻结。因此你会变得越来越紧张。通常，父母会把在外面累积的紧张带回家里，继而影响孩子。

先天思维程序，尤其是“应激反应系统”，无时无刻不在影响着我们和孩子。父母要懂得这个系统，并且要有觉察力，了解自己什么时候会被触发。

那么，应激反应系统是好还是坏？

其实，应激反应系统并无好坏之分，它会让我们紧张，但也会让我们充满力量。

当威胁发生的时候，一个普通人瞬间爆发的力量可以把大树扛起来。曾有新闻报道，一个妈妈看到孩子被压在车下，她凭一人之力，便可以把车抬起来。应激反应系统可以让人有无限的爆发力，因此并无好坏之分，重要的是我们要学会合理地利用这个系统，而不是一直被动地被触发。

那么，当我们教育孩子时，要如何利用“应激反应系统”呢？

有一种情况，应激反应系统很少被触发。有些父母担心孩子受到伤害，什么都不让孩子做，凡事包办，这些孩子被保护得很好，但同时也过于安逸，就像温室里的花朵。

很多富二代喜欢开快车，为什么？因为他们从小到大都过得很安逸，感受不到一丁点威胁，根本没有机会触发应激反应系统，于是长大后他们便会通过一些刺激性的活动，譬如开快车，让自己被触发。

另外一个极端情况就是，如果应激反应系统每天都被触发，孩子经常被打、被骂、被催促，这样的孩子会过于紧张和压抑。

现在有一种教育，叫作挫折教育，指的是让孩子在挫折中学会成长。挫折教育有无必要？其实没必要，因为真实生活中已经有很多挫折，父母要提供的是一个真实的环境，既不要过度保护，也不要过度触发，而应让孩子又放松又警觉。

作为父母，要知道孩子身上有应激反应系统这样的一个先天思维程序，并懂得有意识地去利用好孩子的应激反应系统，这将决定孩子将来对许多事物的反应。

3. 先天思维程序被破坏的后果——你的孩子有“空心病”吗？

2016年北京大学学生心理健康教育与咨询中心做过一个统计，北京大学一年级的新生，包括本科生和研究生，其中有30.4%的学生厌恶学习，或者认为学习没有意义，还有40.4%的学生认为活着没有意义，认为自己现在活着只是按照别人的逻辑活下去而已。

价值观缺陷导致部分大学生产生心理障碍，这被称为“空心病”。表现为觉得人生毫无意义，对生活感到十分迷茫，不知道自己想要什么；疲惫、孤独、情绪差，感觉学习和生活没有什么意义；人生看不到希望，终日重复没有结果，存在感缺失，感觉身心被掏空。

先天思维程序经常被破坏的孩子，长大后很容易得“空心病”。

一个孩子的如厕、睡觉、吃饭都是先天程序，如果连这些都被干预破坏了，这个孩子会变得没有自主感。

先天思维程序是每个人与生俱来的，在降生到这个世界的时候已经设置好。父母要尊重孩子生而为人的天性，不去破坏、控制孩子的先天思维程序，不管是身体还是心理，孩子总有他自然的发展规律。

有人会担心，如果先天思维程序是无法改变的，我们就要听之任之吗？孩子想什么时候吃就什么时候吃吗？孩子想什么时候睡就什么时候睡吗？父母就完全无所作为吗？

答案是否定的。

对于先天思维程序，我们要做到两件事：尊重和引导。

尊重就是父母要知道，这个程序是与生俱来的，如果我们尝试去对抗或者篡改它，就好比撞墙，因为这是一个不可能的任务。先天思维程序就像手机的出厂自带软件，是无法更改和删除的。

但是，先天思维程序是可以引导的。譬如，孩子早上八点吃了一顿很饱的早餐，到中午午餐时没有食欲，从先天程序来说，是因为他的能量没有消耗完，没有饥饿感。如果想引导他和你同一时间吃午餐，那么你就要减少他早餐的分量，通过不断地调整来引导他。经过一段时间后，他的午餐时间就会慢慢与你同步。

思考

日常养育孩子，你有看到孩子的先天思维程序，并加以保护，而不是人为破坏吗？或者你已经在无意中破坏了孩子的哪些先天思维程序呢？

二、后天思维程序

后天思维程序，是指在成长过程中由父母或者其他养育者根据他们自己的认知植入孩子身上的思维程序，或者孩子从周边环境、文化中潜移默化习得的思维程序。

思维程序即重复，在家族里的重复就是家族传承。

父母或其他养育者的言传身教，会从小就在孩子心中留下深深的烙印，并影响孩子一生。好的家教家风，是父母传承给孩子最好的财富。让孩子从小学会仁义礼智信和温良恭俭让，孩子定能从中受益终生。若父母不懂管教，甚至做出坏的示范，孩子会很容易就学到一些不好的思维程序，后果不堪设想。

俗话说："子不教，父之过。"我们有时怪孩子没素质没能力，却没反思，那么小的孩子，来到世上时纯洁得如同一张白纸，为何在短短几年间就变得行为粗鲁、没有爱心、自私自利、不讲社会公德？难道他们是天生如此吗？当然不是。

如果父母懂得养育，给予孩子好的熏陶，就能为孩子植入好的思维程序。当孩子出现不好的思维程序时，及时制止并加以教导，孩子很快就会懂得是非黑白，知道什么该做，什么不该做。

自身有着良好思维程序的父母，既会严格要求自己，又会严格要求孩子，培养出拥有良好思维程序的孩子。

一个具有良好思维程序的孩子，充满爱心，温和善良，彬彬有礼，浑身散发出温暖、优雅、大气的气质。

这样的气质绝非一朝一夕能够养成，一定凝聚了父母对孩子从小到大重复的教育引导和潜移默化的熏陶，然后形成了孩子的后天思维程序。

例子

梁园梁氏：重视子女教育，名人辈出

梁氏家族于清嘉庆初年迁移至佛山，梁国雄由当一名卖香的小贩开始创业，其后家族逐渐繁衍为"族人二百余，占地二百余亩"，并创建了以群星草堂、汾江草庐、寒香馆等为代表的园林群。期间子弟仕途顺利，多人以诗书画传世，名声在外。

200多年来，梁氏家族出过书画家、文学家、革命志士、商业巨子数十人，如在"公车上书"中签名的梁冠澄、梁禹甸，参与刺杀慈禧太后的维新志士梁尔煦，全国人大代表、香港中银大厦筹建人之一的梁燊，先后创办梁新记兄弟牙刷厂、星光实业公司的香港著名实业家梁日盛、梁知行父子，知名记者梁厚甫等。

梁厚甫的父亲梁冠澄，是梁园群星草堂创建者梁九华的长孙。梁冠澄是清光绪十九年广东乡试解元，曾任福建罗源县令，参加过“公车上书”，具有强烈的变法维新思想。

梁园梁氏家族重视对子女的教育。以梁冠澄为例，其膝下四男一女，五兄妹皆大学毕业，其中最为出名的是知名记者梁厚甫，还有女儿梁怀德，是梁氏知识女性的杰出代表，这在19世纪初“重男轻女”的社会风气下尤为难得。梁园梁氏家族对子女的学习采取开放的态度，尊重个人爱好取向，对新式的教育乐于接受，敢于吸纳外来文化。当年五兄妹都精通英文就是很好的证明。

梁园梁氏家族对教育的重视程度在当时的佛山是少见的，现在梁园内的群星草堂遗址，就是当时其子弟学习的场所。当时梁家聘名儒，添上书桌、凳子等，组成一个家庭私塾，在此培养了大批梁氏学子和佛山学生。

经统计，梁氏家族曾在清朝考取到功名的有30多位，梁厚甫、梁燊等人当时就是在群星草堂接受启蒙教育的。

我们会发现，家族的发展是起起伏伏的。这里有偶然性吗？有，但同时也有必然性，一个良好的家族传承，其良好的思维程序会自动运行且不断传承，让家族一直朝着良性的方向发展。

中国有句话“富不过三代”，为什么呢？因为其中的思维程序没有传承。

譬如，一个原本普普通通的人，突然天上掉下一个馅饼，他得到了一笔收入，成了暴发户，这是一个偶然事件，所以他没办法把这种偶然性传承给儿子。有些人靠自己的努力赚了很多钱，但不知道自己是怎么成功的，所以也没办法把成功的思维程序传承给下一代。

所以传承的第一步，是在人生取得一定成就的同时，懂得把成功的重要因素总结为一个思维程序。你可能是靠着诚信、毅力、信念、清晰的目标等各种因素取得成功，那么，就要把这些好的思维程序总结出来，形成家训、家教、家风，传承给下一代。如果你只是“授人以鱼而不是授人以渔”，只是把你成功的成果传给孩子，没有把成功的思维程序传承给他的话，成功也很可能会变成一个偶然性事件，孩子也逃不过“富不过三代”的命运。

例子

曾国藩，晚清四大名臣之一。曾国藩一生主张凡事要勤俭廉劳，他修身律己，礼治为先，在官场上获得了巨大的成功，同时在家庭教育方面也颇有心得。对于教育，他自己总结出“曾国藩六戒”，还有著名的《曾国藩家训》，以此时刻警醒鞭策子孙。

曾国藩曾留下十六字箴言：“家俭则兴，人勤则健；能勤能俭，永不贫贱。” 勤奋、俭朴、求学、务实的家训家风一直为曾家后人所传承。

以俭持家。曾国藩一直要求家人生活俭朴，远离奢华。他在京城见到世家子弟一味奢侈腐化，挥霍无度，便不让子女来京居住。他的原配夫人一直带着子女住在乡下老家，门外不许挂“相府”“侯府”的匾。曾国藩要求“以廉率属，以俭持家，誓不以军中一钱寄家用”。夫人在家手无余钱，亲自下厨、纺织。

勤于治学。除了“俭”，曾国藩对子女的另一条要求是“勤”。曾国藩坚持给子女写信，为他们批改诗文，探讨学业和生活中的种种问题。他写信给儿子曾纪泽，要他每天起床后，衣服要穿戴整齐，先向伯、叔问安，然后把所有房子打扫一遍再坐下来读书，每天还要练写1000个字。

曾国藩还敦促家人每日坚持学习，并多次为全家拟定严格的学习计划：“吾家男子于看、读、写、作四字缺一不可。女子于衣、食、粗（工）、细（工）四字缺一不可。”

重视家教。曾国藩有三子五女，小女儿曾纪芬最长寿，活到91岁。1875年，曾纪芬嫁入湖南聂家。曾国藩规定，每个女儿出嫁，嫁妆不得超过200两银子，同时嫁妆中还有父亲亲手书写的功课单。曾国藩想把女儿培养成一个勤俭持家的家庭主妇，女儿实际上做得比父亲期望的还好。

由此可见，家族的传承不是靠运气、不是偶然性的，而是有规律、有方法的。梁园梁氏和曾国藩的共同点都是注重家庭教育，并懂得将好的思维程序代代相传。

作业

总结自己家族的良好思维程序，并写一份家训。

三、你有育儿焦虑症吗？

我们会发现，现在很多父母都有育儿焦虑症，身为父母，经常会有很多困惑：为什么我这么爱孩子，可孩子却总是不听我的话？为什么我能日理万机，却不能管教好孩子？为什么我学了那么多育儿知识都行之无效呢？

父母的育儿焦虑症其实主要来自四个方面：

1. 知行不合一。

有一句电影台词说："听过很多道理，依然过不好这一生。"我把这句话改成育儿版的，就是"听过很多道理，依然教育不好一个孩子"。这个应该是很多父母的心声。现在很多途径都可以学到育儿知识，电视、微信、书籍，等等，你可以随时随地看到很多育儿技巧或心灵鸡汤，但这些都是碎片化的知识。

有些父母很有学习意识，他们专门去学了各种体系的育儿理念和方法，但真正能用上的却很少，在面临真正的育儿问题时，通常还是按照本能行事。育儿书上说要给孩子自由的空间，但眼看着孩子越来越没有规则意识，父母内心又困惑又焦虑。

学到了却做不到，为什么会这样？原因很简单，因为很多人只知其然不知其所以然，即你知道得还不够透。

例子

你非常喜欢吃某种鱼，每次和朋友去吃饭都会点这道菜，有一次你朋友跟你说："这种鱼有毒的，对身体不好，不要吃了。"你一点都不信，因为你非常喜欢吃，而且已经吃了那么久了。

你的朋友再次看到你吃，又跟你说："这种鱼有毒，因为它是吃垃圾长大的，全身都重金属超标，这是一个医生朋友跟我说的，人吃多了，身体各个器官也会有很多毒素。"这时候你开始半信半疑，但你太喜欢吃了，还是会继续吃。

你的朋友之后还是看到你吃这种鱼，他立即打开电脑，里面有很多有关这种鱼的资料和报道，你朋友说："看，这种鱼生长在臭水沟，里面全部都是垃圾，附近的渔民是绝对不会吃的，因为他们说这种鱼除了垃圾，什么都不吃，而且曾经有人拿这种鱼做过解剖和化验，里面全都是垃圾，重金属严重超标，如果人长期食用，身体会患各种肿瘤，这里有一些医学报告……"这时候，你看到这种鱼，你还会想吃吗？你真的吃得下吗？

焦虑来自哪里？来自"无知"，来自"知得不够透"，所以"知行不合一"。因为不懂，所以焦虑；因为懂了做不到，所以更焦虑。

你是先考驾照还是先买车？你生孩子，是先学育儿知识还是生孩子了再去学？父母通常是一个没有经过考核、不需要持证上岗的职位。要做不焦虑的父母，就要不断地、系统地学习，不仅要知，还要知得透，进而做到知行合一。

2. 总想改变无法改变的。

先天思维程序是无法改变的，对于孩子的先天思维程序，如果父母总想去改变或对抗，只会产生更大的焦虑。

任何对先天思维程序的控制都会遭遇反弹，每一个已经形成的不好的思维程序，都是父母错误的教育方式的反馈。父母要知道每一个生命都有自己的发展规律，对于先天思维程序，父母能做的，只能是尊重和引导。

3. 对一些偶发性现象太紧张。

孩子在不同的成长阶段有不同的表现，譬如上文说过的孩子的敏感期，就是典型的偶发性现象，并没有形成思维程序，父母面对这些偶发性事件，要做的就是不作为和耐心等待，相信春来草自生，让孩子自由过渡，而不是强加制止或改造。

4. 出现问题后总是在孩子身上找原因。

人总是不太会自我反省。如果人们更懂得反省，便可以更好地降低焦虑。

当孩子不愿吃饭，你觉得会是什么原因呢？很多父母的本能反应就是，这孩子怎么这么不听话、不配合，到点不吃饭，吃得又少，辛辛苦苦煮出来的东西他都不吃，真不让人省心，等等。

但如果你是一个懂得自我反省的父母，你不会认定是孩子出了问题。你会反思，是不是这些食物煮得不好吃、不合孩子的胃口？是不是孩子现在还不饿？其实有时候可能是很简单的原因，但因为你关注的是孩子出了问题，而不是你自身或食物出了问题，所以问题总是不能得到解决。

当你看到孩子不像别人家的孩子一样积极主动地上台表演，你就会想这个孩子是不是太内向了，怎么不愿意去展示自己。但如果你是一个懂得自我反省的父母，你不会第一时间看成是孩子的问题，而是会反思，你自己是不是也是一个不喜欢当众表演的人，你是不是也不爱展示，而孩子恰恰与你非常相似？

就好比你去餐厅吃饭，饭菜不好吃，你第一时间会认为是什么原因？这家饭店不行、厨师不行、食材不行？可能是各种原因，而如果你懂得反思，可能最大的一个原因是你点的菜不行，有时候就是这么简单。

每个孩子都是独一无二的，有的孩子就是比别的孩子会走得晚，或者说话说得迟，那是因为你的孩子有其独有的特点，不需要把他纠正成流水线产品，千篇一律。

孩子身上的很多品质都需要我们呵护，而不是要我们去改变的。当父母不会一味想着改变孩子时，育儿焦虑症便会自然痊愈。

思考

你辛辛苦苦地做好一顿丰盛的饭菜，但孩子不愿吃，或者吃得非常少，这时候，你会作何反应？

四、父母两大忌，你犯忌了吗？

做父母有两大忌，其中第一大忌是：自大。

自大的父母在幼小的孩子面前，总是在无意识中扮演着无上的权威：我吃过的盐比你吃过的米还多，我知道什么东西对你最好，我知道什么样的道路更适合你。

从孩子一生的长远角度来看，你真的知道什么对你的孩子最好吗？以你的“知道”来控制孩子按照你设定的道路行走，把你认为好的或对的东西强加给小孩，其实无异于挟持孩子的生命自由。

真相是，很多父母都以爱或为孩子好的名义，对孩子做过许多妨碍孩子发展的蠢事。你应该反省一下，如果你自身的认知并没有让你成为一个很幸福、快乐、成功的人，你何以认为你的那一套用在孩子身上，孩子就会成长得比你幸福、快乐和成功呢？所以，父母都应该放下自以为是的那一套，时刻评估自己有无达到教育孩子的资格。生命是平等的，孩子只是经由你来到世界，作为父母，你要尊重每一个作为独一无二的生命个体的孩子，而不是自大妄为，把自己的那一套强加在孩子身上。

第二大忌是：父母总是追求高效。

孩子天生有探索的欲望，当他在探索世界的时候，免不了会有磕磕碰碰。当孩子看到地上的树叶，想去捡，父母会说“不要碰，好脏”；当孩子看到地上的水，想去踩，父母会说“不要踩，弄湿鞋子裤子”；当孩子玩颜料弄得满身满地都脏兮兮的，父母会说“弄得到处都是，不要弄了”。这些场景很熟悉吧？我们总在追求高效，当孩子弄脏了、弄乱了、弄坏了，父母就觉得很麻烦，浪费很多时间，仿佛孩子干净、听话，这样的育儿就会很高效。殊不知，你的所谓高效，正在硬生生地破坏孩子的好奇心，打断他探索世界的通道。

在保证孩子安全的前提下，允许他们自由地去探索、研究和体验，这是一个孩子形成自我认知的重要过程。

还有就是，大家每天都在喊着“要赢在起跑线上”，父母希望孩子的每一个行为都是有效果的，每一步都是要领先于别人的，从以前提倡读小学、初中、高中要赢，到后来连读幼儿园也要赢，现在连宝宝爬行比赛也要赢，就差没有在肚子里面来一个比赛了。很多时候你的高效，其实就是拔苗助长，所谓的“高效”，到最后变成了“低效”。教育是一个周期很长的过程，它需要的不是“分秒必争”，不是“赢在起跑线上”，而是耐心，耐心，再耐心！

第三节　思维程序是如何运行的

想要了解思维程序是怎么运行的，首先就要了解我们的心和脑。

我们每个人都有心，也有脑，经常听企业培训说要“用心服务”，“沟通从心开始”，但其实我们对心和脑的了解很少。

一、心和脑

例子

有一个人住在一座城堡里面，城堡的附近有许多孩子在玩耍，孩子们经常向城堡乱扔石头，并以此为乐，石头经常砸烂墙壁或玻璃，让城堡的主人头疼不已。城堡的主人几次驱赶，孩子们还是照扔不误，城堡的主人很苦恼。

后来他去请教了一位智者，智者给了他一个建议。

于是，城堡的主人向扔石头的孩子们说：“孩子们，你们一直在这里扔石头，我都习惯了，你们每次扔石头的时候，石头发出的声音让我心情很愉快，为了奖励你们，我决定，你们每扔一块石头，我就奖励一块钱。”孩子们听了，可高兴了，于是每天过去扔石头，扔得多，得到的钱也多。

过了几天，城堡的主人又跟孩子们说：“孩子们，谢谢你们每天过来扔石头，这让我太高兴了，不过有一个问题，就是我手头上的钱不多了，所以之前说的扔一块石头可以得到一元钱，我要降为每扔一块石头只可以得到五毛钱了。”孩子们听了，虽然不太乐意，但还是坚持每天过来扔石头。

又过了几天，城堡的主人对孩子们说：“孩子们，真的不好意思，我手头上已经没什么钱了，从现在开始你们每扔一块石头，我只能给你们一毛钱了。”这时候孩子们不高兴了，于是一哄而散。

从此以后，再也没有孩子过来对着城堡扔石头了。

这个故事对我们有什么启发呢？小孩子一开始扔石头有没有报酬？没有。他内心觉得好玩、好奇，自发性地去扔，这是先天的思维程序。而智者给的方法，通过奖励，破坏了孩子原本的自发性，把这个行为变成了头脑的一部分：扔石头本身就让孩子感觉到享受，这是不要钱都干的事情，而当扔石头变成一种有回报的行为，孩子们开始算钱，头脑就开始介入了，有了分析和比较，扔石头的力量源头就从心转移到了头脑。也就是说，当他用心去做这件事时，能量是源源不绝的，他就会不断地去做，并没有计较得失；而当他用脑去做这件事时，他就有了分析比较和判断，自发性就会消失。

很多父母或幼儿园老师很喜欢奖励孩子小红花，连孩子吃饭都要给红花，这是一件很奇怪的事情。吃饭是一个人的本能，饿的时候自然会吃，而当吃饭的本能变成一个需要奖励才做的事情，无形中就破坏了孩子的先天思维程序，慢慢地，孩子会感觉是为了父母或者老师而吃饭。

当从心变到脑的时候，即从“自主感”演变到“他主感”，先天思维程序就会遭到破坏。

例子

这是一个真实的故事，有一个非洲的修行人，他在自己的书里写过这样一个故事：有一次他们去喜马拉雅山朝圣，走到半路的时候又累又缺氧，当他艰难跋涉时，看到前面有一个女孩背着一个比她小一点的男孩，他觉得很奇怪，我一个人爬山都这么累了，这个女孩还要背着一个男孩，如此负重前行，难道她不累吗？

于是他过去问女孩：“小女孩，这喜马拉雅山不容易爬啊，我一个成年人背着一个背包都感觉很重很累，你那么小还要背着一个人，不累吗？”

这个修行人说，女孩回应的一句话，影响了他的一生。

女孩只是说了一句：“你背的是重量，而我背的是我的弟弟。”

重量是头脑层面，弟弟是心的层面。

你有没有试过心甘情愿地去做一件事情？如果你在心甘情愿的时候做事，你一点都不会觉得累，因为头脑是经过分析、比较、判断之后才做出行动的，而心更多的是感受，当你心甘情愿的时候，这种力量是非常大的。

例子

一个晴朗美好的早晨，有条蜈蚣很快乐，它唱着歌，陶醉在清晨清新的空气中。此时一旁的青蛙很困惑，它问蜈蚣："你在变魔术吗？你在用一百只脚走路呀！这是怎么办到的？哪只脚先走？接着是哪只？再来是第三只……到最后第一百只？难道你不会混淆吗？这对我而言根本不可能。"

蜈蚣说："我倒没想过，让我沉思一下。"

然后它站在那里颤抖起来，接着就跌在地上不会走路了，因为连它自己也搞糊涂了——是哦，竟然有一百只脚，这叫我怎么走路？

蜈蚣即便有很多条腿，但走路对于它来说是天生的思维程序，从心出发，很自然就能做到，突然，你让它用头脑去分析判断，原本能自然做到的事情就变得不自然了。

什么是心，什么是脑？下面举更多的案例，你便能更好地理解。

例子

福尔摩斯和华生

有一天晚上，福尔摩斯和华生一起去露营，他们来到一座山的山顶扎营休息。到了半夜，福尔摩斯把华生叫醒，他指了指天空，问华生：“你看到什么？”华生看着满天繁星，不禁感叹：“多么美丽的星空，多么浩瀚的宇宙，我们人类是多么渺小啊！”福尔摩斯听了，大声地说：“拜托！还美丽！我们的帐篷被偷了！”

这个故事里，福尔摩斯是用什么？是用脑，他睁开眼看不到帐篷，马上分析、判断帐篷被偷了；华生是用心，他看到星空，只是感受当下的心情并发出赞美。用脑和用心所看到的事物完全不同。

例子

数学老师的提问

数学课堂上，数学老师问了小明一个问题：“假如你爸爸一个月有3000元的工资，他用500元交房租，用500元吃饭，用800元买日常用品，用1000元出去旅游，你爸爸最终会得到什么？”小明回答：“我爸爸会得到我妈妈的一顿痛揍。”

这个故事，老师是在用脑去计算一道算术题，而小明却是用心在回答，他没有去分析，而是给出了一个他内心的答案。

例子

买啤酒

场景1：外面是42 ℃的高温天气，上司要求你去一个比较远的地方买一瓶特定牌子的冰啤酒，这时，你的内心极不情愿，但因为是上司的要求，出于不得罪上司的考虑，你只能硬着头皮出去买。

场景2：外面是42 ℃的高温天气，你的爱人刚出差回来，非常口渴，想喝某个牌子的冰啤酒，即便有点远，你还是会马上出门购买。

同样的高温天气，同样是去买啤酒。场景1，下属靠脑的意志力会去买啤酒，但心是非常不情愿的，这时候脑和心在打架。

而场景2，爱人刚出差回来，很想喝啤酒，你会去买，而且是心甘情愿的，这时候脑和心是达成一致的。

你们知道人的大部分能量消耗在哪里吗？就是脑和心经常打架，心不甘情不愿，你做的是自己不想做的事情，或者你不想做的事情却不得不做，内心一直在对抗，所以能量一直在消耗。

生活中还有许多脑和心打架的例子，譬如，暗恋。

我以前读大学的时候，宿舍有个同学，他从大二开始喜欢一个女孩，但从来没表白过。为什么不表白？因为心想表白，但头脑不敢，他分析后认为自己不够好，怕被拒绝，他的心和脑在打架，脑打赢了，所以一直没有表白。后来有一天他表白了，原因是他那天喝醉了，他的脑被灌醉了，只剩下了心，心的力量就出来了。

人在微醺时，会突然变得讲话很大胆，因为那时是没有头脑的，没有分析判断的。

教育孩子也是同样的道理，如果你让他的学习变成纯粹用脑的状态，他是没办法学好的，而如果加上心，当心的力量出来了，让他的好奇心促使自己自发性地学习，这样学习就会事半功倍。

不管是对着伴侣还是孩子，当你想要他们去完成某一件事情，你只需要掌握一个技巧，就是要让他们感觉这个决定是他自己做的，而不是你要求的。如果他感觉是自己做的决定，去完成这件事情就会变成自发的。

父母容易犯一个错误，譬如孩子本来已经要去吃饭了，父母却还要加多一句："快点去吃饭。"这是一句废话，本来孩子去吃饭是一个自发的行为，你一催促提醒，反而让孩子觉得不是自己要去吃，是你要求他去完成的。

所以，要做高明的父母，你应该让孩子感觉是自己在做决定。只有这样，他自己的力量才能显现出来。

作　业

尝试用心地给你的孩子讲一个故事，不要跟着绘本的文字读，而是更多地描述画面，引发孩子的想象。

我们以前总说要用心，怎么才叫用心？

你用心给孩子讲故事，没有绘本，情节也可以是天马行空的，你会发现其实故事情节不重要，你只需要用心去描绘某个场景、某个情节，引导孩子去想象。很多父母说不懂得跟孩子讲故事，其实只要用心，孩子都会很喜欢听。

当你用心去记东西的时候，你记的东西会特别多，如果是用脑去记，通常不会记得太多。讲故事也是，如果用心去讲，你会发现自己可以讲很多，甚至讲不完。

用心是最好的记忆方法，因为用脑记得的都是文字，是线性的，记得不牢又少，但如果用心，可能一晚就把一本书记下来了。如果你给孩子讲故事，用心和故事融为一体，他会记得很多。故事内容不重要，重要的是把画面带出来："哇，天空飘着一朵云，云在跳舞，那朵云在跟我打招呼，它过来亲了我一下……"孩子不在乎逻辑性，不在乎是否世界名著，他在乎的是有趣。

很多父母喜欢跟孩子讲道理，但孩子都不听，为什么？因为如果你只是用脑跟孩子沟通，这是没用的。正确的做法是心脑并用，用脑及时觉察孩子的需要，用心沟通。

那么在孩子的成长过程中，到底什么时候发展心的部分，什么时候发展脑的部分呢？

当一位妈妈怀孕的时候，首先被认定有生命特征的是有胎心搏动，后来才有脊椎，根据生命的整个发展进程，是先有心后有脑。一般来说，一个孩子从出生到六岁左右，主要是在发展心的部分，直到六岁左右，脑的部分再逐步发展起来。那么，父母要怎么根据这个规律来培养孩子呢？

例子

一天早晨，3岁的小琴正在家里玩玩具，她把积木都倒在地上，搭建城堡，玩了一会又把洋娃娃全部拿出来，玩得不亦乐乎。这时候妈妈看见了，大声地跟小琴说："哎呀，你看你，把客厅弄得这么乱，赶紧收拾好玩具。”小琴嘟着嘴不肯收拾，妈妈很恼火地自己过去把玩具收拾好了。

转过头，小琴又拿起了画笔在白纸上涂鸦。这时妈妈看见了，说：“小琴，你这画的是什么？四不像，妈妈画给你看。”说完就拿起小琴的画笔在纸上画了一个城堡。

中午，妈妈和小琴去吃午餐，在电梯上遇到邻居的叔叔阿姨，妈妈马上推推小琴：“宝宝，快叫叔叔阿姨。”小琴转过头，就是不肯叫。妈妈尴尬地笑了笑：“这孩子，怎么这么没礼貌，见到人要打招呼，小孩子要有礼貌。”

以上例子，你看了是不是有熟悉的感觉？孩子玩完玩具不收拾，太混乱了；孩子在纸上乱画，太没有规则了；孩子不打招呼，太没礼貌了……对于一个未满六岁的孩子，用成人的认知去看待他，用世俗的标准去定义他，这样做真的对吗？

整洁和规则是属于脑的部分，混乱和不规则是属于心的部分，规则有规则的美，不规则有不规则的美。

譬如艺术作品，规则的通常都比较廉价，因为是“头脑”的产物。而具备不规则美的艺术作品可能是天价，譬如凡·高、张大千的作品，因为那些才是真正用“心”创作的艺术品。

在孩子0~6岁期间，父母要允许他发展心，不能强迫他整洁和规则，因为这样会剥夺他发展“心”的机会，可能会在无意间扼杀了一个天才艺术家。

礼仪是属于头脑的理性的部分，随性是属于心的感性的部分。0~6岁的孩子还在发展心的阶段，父母要允许他尊重自己的内在感觉，而不是强迫他违背自己，去迎合父母认为很重要的所谓“礼仪”。否则，孩子可能会慢慢地形成一个认知：别人比我更重要，让别人感觉舒服比我自己的感觉更重要。这是最糟糕的教育，这样会让一个孩子慢慢地失去跟自己内心的连接。一个没有办法与自己内心的直觉、感受和创造力连接的孩子，长大后是很难有大的作为的，他只会变成一个自我价值感很低、很会做门面功夫、讨好他人的泛泛之辈。

我们都听过“拔苗助长”的故事。如果我们在小孩子大脑还没有发展起来的时候，就强迫他做一些这个阶段没有办法做到的事情，或者教他很多大人世界的规则，小孩就会过早地“成熟”。

儿童思维程序学强调，既要培养孩子心的部分，也要培养孩子脑的部分，这是一个循序渐进的过程。

理性是需要慢慢发展的，整洁、规则、礼仪这些需要等到孩子五六岁或者上小学后，开始发展脑的部分时，父母再有意识地逐步培养。父母要尊重孩子的发展规律。

看了以上这么多例子，我们可以了解，思维程序的运行，是脑和心的运行，有时是脑做主宰，有时是心做主宰，有时则是心脑并用。

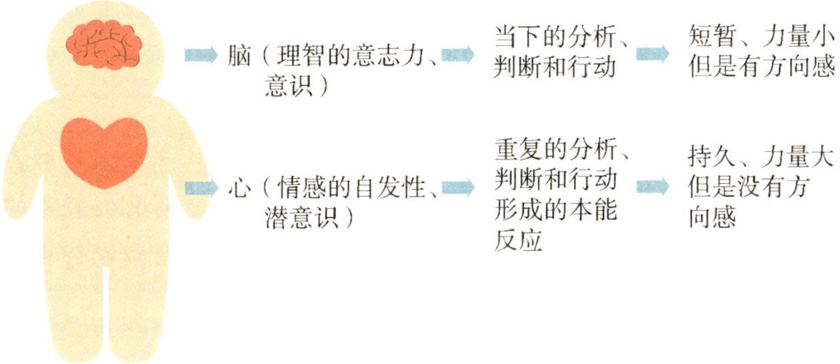

那么，到底什么是脑？什么是心？

脑是理智的意志力，是意识，是当下的分析、判断和行动，力量小而短暂，但是有方向感。

心是情感的自发性，是潜意识，是重复的分析、判断和行动形成的本能反应，力量大而持久，但是没有方向感。

如果是有脑无心，即仅仅靠意志力在运行，通常这样的行动不是心甘情愿的，没有情感的自发性，这种模式虽然有方向感，但力量小且短暂。

如果是有心无脑，也就是做事随心所欲，听从情感的自发性和本能反应，这种模式力量大而持久，但也会因为没有方向感而显得盲目。

很多时候，脑和心会打架，就会变成一种内耗。

例子

在一个破旧的寺庙里生活着两个乞丐，有一个乞丐眼睛是瞎的，但是双腿健全；另外一个乞丐腿瘸，但是眼睛是正常的。他们平时都出外乞讨，所以是相互竞争的同行，彼此之间很不友善。

终于有一天，他们携手合作，变成了朋友。

因为那一天寺庙突然起了大火，这两个乞丐知道单靠自己的力量是无法逃生的。于是，他们被迫合作，眼睛瞎的乞丐背起腿瘸的乞丐，两个人结合在一起，既有了腿又有了眼睛，最后成功逃出了寺庙，两个人都得救了。

这个故事里面腿瘸的乞丐代表脑，眼瞎的乞丐代表心。有心无脑，行动力很快，但没有方向感，就像故事中双腿健全但是眼瞎的乞丐；而有脑无心，则行动力很慢，但方向明确，就像故事中眼睛健康但腿瘸的乞丐。

心和脑各有优点，也各有缺点，所以，思维程序的运行，一定是心和脑的结合。如果我们想要给孩子最好的教育，最重要的是教会孩子如何心脑并用。

二、真正的教育，是心和脑的完美结合

脑，即理智的意志力，也就是心理学说的“意识”，是当下的分析、判断和行动，短暂、力量小但是有方向感。

心，即情感的自发性，也就是心理学说的“潜意识”，是重复的分析、判断和行动形成的本能反应，持久、力量大但是没有方向感。

举一个简单的例子，我们是怎么学开车的？一开始战战兢兢的，要用脑去记住怎么拉手刹、挂挡、踩油门，动作笨拙而缓慢。而当你学会了并且开了一段时间后，开车就变得轻而易举，动作一气呵成，即便你一边想着其他事情，一边听着歌，也能开到目的

地，这就是心的作用。

当你不断重复练习，一开始靠脑的意志力去做的事情就会慢慢地变成心的自发性行为，形成了一个思维程序，自动运行。

所以，真正的教育，是心和脑的完美结合。儿童思维程序教育学，要培养的是有脑又有心的孩子。

心的能量是一种自发性，而脑的能量是强大的意志力。

培养脑，会让你的孩子在社会中比较容易有竞争力，赚取财富的能力也会比较强，但这样的孩子格局会有所限制，也很难感到快乐。以后人工智能会很发达，技术会取代很多东西，仅靠最强大脑的孩子很难有大的发展。

培养心，可以让你的孩子与自我深度连接，并做出更好的选择。有一项研究表明，许多成功的人，做的很多成功的决定都不是通过脑，而是通过心和直觉。

一个人的成功是靠他的聪明还是品德？肯定是两者都有，聪明是从脑出发，品德是从心出发，两者相结合，所以只做脑的教育是不够的，一定要同时也做心的教育。心和脑结合的教育，才是完整的教育。

父母要知道，你的孩子有很多可能性，你要朝着一个方向，那就是培养用脑很厉害、用心也很棒的孩子。这样的孩子是具有流动性的，即感性和理性可以流动，随时切换。只有在培养脑的同时也培养心，孩子才是完整的。

何为真正的教育？

真正的教育会教你真实的东西：如何过上更快乐的生活，如何肯定、崇敬生命，如何深爱存在。它不会只属于头脑，它也属于心。

真正的教育会帮助你做一个主宰头脑的人，头脑是很好、很有用，但它不是你的全部，你也有心。头脑虽然可以创造更好的科技，给你更好的机器、更好的路、更好的房子，但是它没办法把你变成更好的人，它没办法让你变得更有爱心、更有诗意、更优雅，没办法给你生命的喜悦，让你庆祝，也没办法让你成为一首歌、一支舞。

头脑的功能在于科学，心的功能在于艺术、诗、音乐，而超越一切的则在于心和脑的完美结合。

三、什么样的幼儿园更适合孩子？

现在有很多不同特色的幼儿园，有些幼儿园比较注重孩子头脑的开发，有些幼儿园会更强调感受，让孩子与大自然连接，家长的选择有很多。

很多父母问，孩子应该上什么样的幼儿园？

凡是幼儿园都有一个共同基因，那就是批量生产。一般的幼儿园，一个班通常是三个老师面对着几十个学生，所以很难做到为孩子量身定制，很难做到尊重每个孩子的个性。为了更好地管理，幼儿园都要制定一些规则，譬如上厕所、吃饭、睡觉，要统一安排在固定的时间进行。

不同的幼儿园有不同的特色，但没有一家幼儿园是只单纯培养脑或心的，只是有所偏重。而父母可以做的，就是根据孩子的类型，在家庭教育和学校教育之间做互补。

在思维程序学里，人可以分为以下四种类型：

第一种是有脑无心，这种类型的人通常很理性，学生时代很有可能是学霸，毕业工作后通常也是方向感、目标感很强，很有执行力，但这种类型的人很容易有“空心病”，感受能力很差，幸福感不高。

第二种是有心无脑，这种类型的人通常很感性，所谓的佛系就是这一类，没什么脑，这种类型的人很注重感受，如果从事艺术创作方面的工作会更出色，但这种类型的人通常理性思维不强，目标不清晰，缺乏自律，执行力也不高。

第三种是无脑无心，这种类型的人在各方面的培养都非常缺失，或者有先天缺陷，这种类型的比较少见。

第四种是有脑有心，这种类型的人是比较完整的，他们通常头脑很聪明、做事情很成功，同时也很快乐；他们很容易适应外在的世界，同时跟自己的内心世界也连接得很好；他们很注重细节，同时也有很大的格局；他们目标清晰、执行力强，同时也有着强大的自发性和生生不息的内在驱动力。

无论是培养脑还是心的幼儿园，都没有对错，如果你把孩子送去注重培养脑的幼儿园，你就要在家里补充心的那部分，如果送去注重培养心的幼儿园，你就要在家里补充脑的部分。

去这两种幼儿园都可以，但父母要懂得有意识地捕捉缺少的那一部分并补上。在孩子的整个教育过程中，父母都要有意识地朝着有心有脑的方向去培养孩子。

第四节 思维程序是如何建立的

一、把握思维程序建立的关键期

为什么说“三岁看大，七岁看老”呢？人的命运为什么取决于最早期呢？一个人思维程序的建立，什么时候是关键时期呢？答案是，6岁之前是最关键的时期。

因为6岁前的孩子是全然敞开的，他处于有心无脑的阶段，即头脑理智部分还没发育完全，他是用心去感受、探索这个世界的，他没有分析、比较、判断的逻辑思维能力，他像海绵一样，会全然地吸收来自外界的各种信息。

所以我们说，对事不对人非常重要。如果你经常给孩子贴标签，不断用自我认知去定义孩子，孩子便会成为你定义的那种人。举个例子，如果你经常跟你的孩子说：“宝宝，你是一个没有语言天赋的孩子。”当你不断地重复，你的孩子就会形成一个“我是一个没有语言天赋的人”这样的思维程序。

例子

20世纪60年代，美国一位名叫洛伦兹的气象学家在解释他设计的计算机程序进行气象造型时，把自己在获取气象数据的过程中的切身经历形容为现在众所周知的“蝴蝶效应”。

事件的起源是他在给机器输入初始条件信息时，第一次他用了小数点后面的6位数字：0.506127，第二次运行时，他将数字进位到了0.506，他没有想到这1/1000微小的差别导致了巨大的完全不同的结果！

如同“蝴蝶效应”所说，亚马孙雨林一只蝴蝶振动翅膀，也许两周后就会引起美国得克萨斯州的一场龙卷风。微弱的气流会引起四周空气系统发生相应的变化，不起眼的微小数据也能引起巨大的偏差，甚至使你初始设置的系统完全脱离轨道。

曾经发动了风靡全世界，被称为“历史上九大隐性转折点之一”的全面质量管理运动之父——美国统计学家戴明，也得出一个非常类似的结论。他指出，每一个系统都有一个起点、一个终点。如果你将重点放在前面15%的初始条件，那么你就至少能保证获得期望中的85%的产出。只要专注于任何事物的第一个15%的部分，剩下的85%就不费力气了。

这就是“蝴蝶效应”，放在这里主要是想告诉大家一个信息，就是小孩子的早期成长真的太重要了，因为你现在对他的养育，就相当于一个初始思维程序的设定，俗话说：“小时偷针，长大偷金。”小时候的一个小小的思维程序设定，对他长大后的影响巨大而深远。

譬如孩子小时候爱占便宜，或者爱分享，这些在小时候是微小的区别，长大后就千差万别了。爱占便宜的孩子长大后，会容易没有什么朋友，事业也不容易做大，因为没有人会靠近一个自私的人。爱分享的孩子长大后，则自然会吸引很多朋友，相对来说成功的概率会更大。

家长在孩子0~6岁的时候帮助孩子打好基础，建立好的思维程序，等他长大后根本不用担心他，因为思维程序是自动运行的，不用你再苦口婆心地提醒。这就是“蝴蝶效应”的故事想要告诉我们的，你对孩子的早期教育就相当第一个15%的部分，只要你专注于这一小部分，并建立好基础，剩下的85%就不需要你再费力气了。

凡事预则立，不预则废！

当孩子还很小的时候，你只需要花一点时间一点努力，换取的是孩子美好的人生，你一辈子都不用为他发愁。但如果在最早期的时候，你选择当一个缺位的父母，换来的可能是对孩子一辈子的担忧。

早期不努力，等到孩子叛逆期时发现孩子已经有了不良的思维程序，这时再想纠正，那时候要付出的精力和代价是相当大的。

很多父母说没时间，要花更多的时间和精力去赚钱、拼事业，以为孩子的教育可以暂缓几年，然而孩子的成长不可逆，教育孩子的关键期那几年错过了就是错过了。如果父母没有及时把握0~6岁这个阶段，没有帮助孩子建立良好的思维程序，父母一生的努力可能会因为一个不成材的孩子的一次犯错而付诸东流。

就算养花养鱼，都要当成一门技术去学，何况是养孩子？父母把孩子带来这个世界，真的要负起这个责任。育儿的最大问题是，很多父母生孩子之前并没有学习怎样教育孩子，生孩子后，在教育孩子的过程中，更是无人考核，也就是说你做得好与坏，都是自己说了算。

做一名员工，在企业里有考核的标准，但做父母，没有任何的考核标准，很多父母都是任性妄为，爱打就打、爱骂就骂、爱贴标签就贴标签，在这样的教育下成长的孩子会很痛苦。

0~6岁是孩子成长的最关键时期，为人父母者要懂得把握这个关键期，对孩子负起教育的责任。

二、已经建立的思维程序会不断复制、代代传承

1. 孩子的归属感。

我们观察身边的一些孩子，在十几岁的时候，进入叛逆期，有些孩子喜欢成群结队去网吧，有些孩子会聚在一起喝酒抽烟，有些孩子会结伴去偷东西，甚至更严重的可能会加入黑社会，是什么原因让他们加入不同的群体？

每一个人都会有很多层次的需求，譬如生存需求、安全需求，等等，而其中一个非常大的需求就是爱和归属，一个人会通过加入某个团体来寻求归属感。

如果有一个群体都是学霸，孩子想要加入其中，首先是不是要先成为学霸？

如果有一个群体都很爱吃辣，一个喜欢吃甜的人加入进去，是不是会变成异类？

对于孩子来说，归属感非常重要，0~6岁的孩子，他在人生中最开始想融入的团体就是原生家庭，他会通过模仿父母、和父母做同样的事情来获得归属感，得到父母的接纳。

如果父母爱吃辣，孩子也会爱吃辣；父母爱看书，孩子也会爱看书；父母不开心，孩子也不敢开心。回想一下你们的童年，是不是都很会察言观色？如果某一天感觉家里气氛不对劲，你会从很欢快的状态变得很谨慎，因为你要随时调整好自己，融入这个家庭当中。

为什么说原生家庭会影响孩子一生？非常重要的一点，就是因为孩子要在家庭中通过模仿父母找到归属感，当然，孩子也会模仿爷爷奶奶或者保姆，但要看他对那个人的归属感的需求有多高。如果对方是他很亲近很在乎的人，他会模仿得更多。他不会模仿陌生人，因为他不在乎对方。

举个例子，有些孩子，保姆带他的时间是80%，父母带他的时间是20%，但即便他与保姆在一起的时间更长，他也不会因此像保姆，因为他更在乎的是父母，所以他还是会更多地模仿父母。

一个人长大后加入某些群体，其深层次的原因，是他可以在这

个群体里面找到归属感，譬如一个孩子加入某个偷盗团伙，他可能并不在乎偷到的东西，更在乎的是能在这个群体里面与别人称兄道弟。

每个孩子都有归属感的需求，他通常会归属于自己最亲的人，只有当父母给不了归属感时，他才会归属于别人。那些有偏差行为的孩子就是因为在父母那里没有获得归属感，才会去寻找其他群体，譬如泡网吧的群体、偷盗的群体，等等。

在孩子人生的最初时期，即0~6岁期间，父母的言行举止、为孩子提供的成长环境，孩子都会无条件地吸纳，从而让自己成为其中的一分子，并不断传承下去。因此父母在孩子的生命早期，让孩子获得满满的爱和归属感，并有意识地言传身教，对孩子的命运起到至关重要的作用。

2. 思维程序的传承。

思维程序每天都在主宰着我们和孩子，爷爷传给爸爸，爸爸传给你，这就是家族思维程序，你对待孩子的方式通常是你被对待的方式。如果你小时候是被打骂长大的，你长大后成为父母很有可能也会打骂孩子，因为打骂已经变成一个思维程序。虽然你的脑知道不能打骂孩子，但心的力量更大，在你不留神的时候就会做出打孩子的行为。

很多人想发达、想成功，但不是每一个人都能做到，为什么？因为你小时候接收了很多限制性的信念，你的父母可能会跟你说："你不行的，你就不是那个料，我们家是出不了人才的，发达不了的，我们就安分守己地过日子吧。"如果你从小接收到的是这样的信息，成人后没有看到并解除这样一个思维程序，你便很难有大的成就。

现在离婚率很高，相信没有人想离婚，但为什么还是有人离婚？

有时候离婚也是会"遗传"的，如果父母离婚，孩子离婚的可能性非常大。他虽然很想有一个和谐的关系，但小时候接收到的是父母不和谐的关系。举个例子，一个女孩，小时候父母离婚了，而且从小接收到的是“男人都不是好人”的理念，那么，她长大后经常遇到品行不好的男人的可能性就非常大，即便她长大后找到一个品行好的男人，也不会选择这个男人作为她的终身伴侣。

作业

请写下你不喜欢爸爸妈妈身上的缺点（譬如啰唆小气，爱发脾气，尖酸，冷漠粗心，骄傲，爱炫耀……），对照一下，看看你身上是否有父母的缺点，有的话请打“√”。

第五节　如何植入良好的后天思维程序

一、植入良好的后天思维程序的基本法则

父母要怎么做，才能在孩子早期的成长关键期为孩子植入良好的思维程序呢?

植入良好的思维程序，就是要心和脑两者配合。脑即理智，是理性的部分，心即情感，是感性的部分。用中国的太极术语来说，就是阴阳，理性就是阳的部分，感性就是阴的部分，两个部分都非常重要。

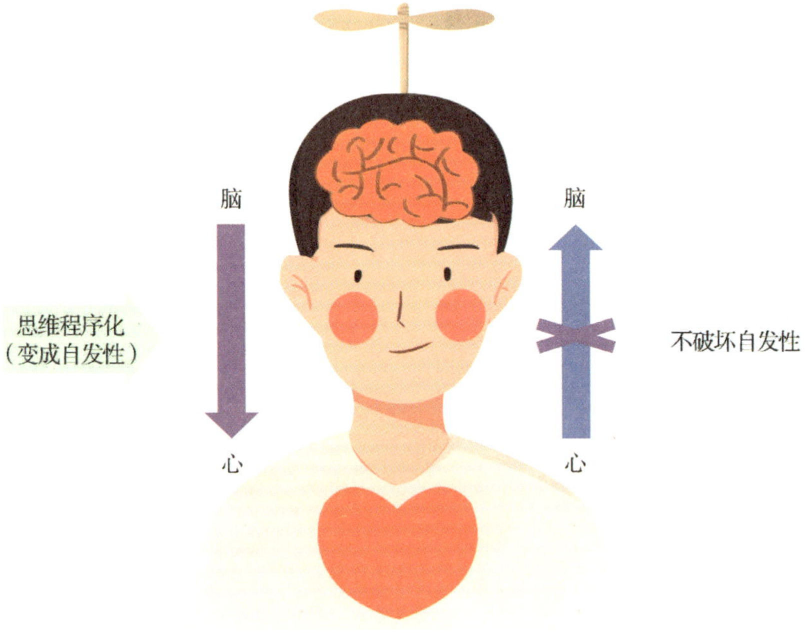

1. 基本法则一。

植入好的后天思维程序，是一个从脑到心的过程，是把头脑当下分析判断后的行动重复很多遍以后，就会变成内心自动自发的本能，变成后天思维程序。

植入一个思维程序的四个阶段。

01 我不知道我不知道
02 我知道我不知道 → 脑
03 我知道我知道
04 我不知道我知道 → 心

这四个阶段就是一个从脑到心的过程。阶段一、二、三都是脑的层面，阶段四是心的层面。

譬如学习英语，第一阶段就是“我不知道我不知道”。举个例子，小如来自某个非常偏远的地方，从来没听说过英语，这种情况就是“我不知道我不知道”英语。

有一天，小如突然听到外出回来的小伙伴跟她说起英语，这个时候她开始知道有英语这门语言，但是她不懂英语，这个时候就变成“我知道我不知道”英语。

然后，小如开始去学习英语，当她学会了英语，但还不是很熟练的时候，就是“我知道我知道”英语，小如学会了，但还没有内化到成为思维程序的阶段，因为她对英语还不熟。

到第四阶段，小如出国好几年，英语变成她的日常语言，小如一开口就是一口流利的英语，语言已经内化为她的思维程序了，这个阶段就是“我不知道我知道”英语。即小如已经忘记了她会说英语了，因为说英语已经变成她的思维程序，自动运行。

这就是一个思维程序种进去的过程，由浅入深，从“我不知道我不知道”到“我不知道我知道”的过程。

譬如你是客家人，你会刻意跟别人说你会讲客家话吗？客家话是你的母语，你已经讲了很多年，每天讲客家话就像呼吸那么自然，因为已经内化了。

又如打乒乓球，一开始学打乒乓球的时候，我们都是在用脑来打球的，所以特别笨拙、特别慢。而那些体坛健将是打得很快的，你觉得他们是用心打还是用脑打？他们靠的是感觉，没有时间去判断分析，接住迎面飞来的球这个动作已经变成本能，是用心在打。

再比如学开车，刚开始的时候通常副驾都会有一个教练员在指挥我们做每一个动作，那时候是用脑在开车。当开车好几年以后，就会从脑内化成心，开车就变成了一个自动自发的程序。

“人为重复”就是头脑在当下的分析、判断后做出的行动，当“人为重复”达到一定的程度，这种累积的分析、判断就会变成一种本能，就形成思维程序，一旦形成思维程序，就会“自动重复”。

帮孩子植入思维程序，就是一个由浅入深的过程。

父母首先要知道，你想为孩子植入什么思维程序，然后帮孩子把这个思维程序内化变成本能。

2. 基本法则二。

已植入的好的后天思维程序已形成自发性，则不要人为破坏。

建立思维程序的过程就像播种，从“我不知道我不知道”到“我知道我不知道”到“我知道我知道”到“我不知道我知道”，是一个逐渐深入的过程。

我们种下一颗好种子，会希望这颗种子在泥土里生根发芽，茁壮成长。同理，如果我们已经帮孩子建立了一个好的思维程序，也会希望这个思维程序能够不断地自动运行，支持孩子的成长。

但是，如果你种下了这颗种子，它已经在生根发芽了，却被三番五次扒开泥土，看看有无发芽，这颗种子能健康成长吗？肯定不能，因为这颗种子会“见光死”。

以下几个例子可以帮助我们更好地理解好的思维程序是如何

“见光死”的。

例一，前文中朝古堡扔石头的孩子本来是自动自发扔石头的，后来城堡的主人给他们钱，他们的行为就从心的层面变成脑的层面，这就是“见光死”的过程，就像一颗种子从泥土里被挖了出来。

例二，如果你喜欢在洗手间一边洗澡一边唱歌，这是一个很享受的过程，你从来没有想要任何人的赞美，但如果在这个时候外面有人说："你唱得很好啊，好棒啊！"还在那里鼓掌，你便会受到打扰，你的这个自发性的行为会变得很不自在。

例三，小丽小时候和爸爸很亲密，但如果旁边的人一直讲这个小女孩很亲爸爸啊，讲多了，小丽会变得很害羞。孩子天生地和爸爸很亲近，这是一种很自然的行为，但人为地把这个行为带到"光"里面，就相当于把种子挖出来，种子就"见光死"了。

例四，某人捐了一笔钱给贫困山区助学，他看到别人需要帮助，自发性地去帮助别人，这是个很自然的过程。如果这时候有电视台采访，说这个人为社会树立了一个好榜样，还要出一个专访，列为好人好事，这个过程就是一个"见光死"的过程。等下一次再做慈善，是否会有点变味？因为多了很多观众在看，这个行为就变得不再是自动自发的了。

例五，小静很喜欢舞动身体，她沉浸在自己的舞动当中，很享受舞动带来的快乐，这时候父母突然在旁边一边鼓掌，一边称赞："你们快看小静，她跳得真棒啊，跳得太好看了！"相信孩子正在舞动的身体会变得很不自然，甚至会停止舞动，父母的赞美让孩子的自发性行为"见光死"。

传统的中国人很少把爱讲出口，近二三十年受西方文化的影响，夫妻、情侣之间总觉得不表达爱，就是不够爱。其实，如果他真的爱你，就算不说出口，你也能感受得到。如果这个爱已经变味了，他还天天把爱挂在嘴边，反而有点讽刺的意味。

传统的中国人都说对待孩子要"用心爱，而不是口头爱"，就像以前父母不会轻易跟孩子说"我爱你"一样，因为父母天生就爱孩子，不需要总是把爱挂在嘴边。爱孩子，要多用心去交流，而不是用语言，因为只要你一用语言就回到头脑。

爱是发生在心的层面，如果心中有爱，不说出来对方也能感受得到，如果心里没爱，你口头说再多也是徒劳。

朋友之间的关系也是这样，如果只是普通朋友，你会发现见面的时候会很多话，仿佛冷场就会很尴尬一样，因为这时候更多的是头脑层面的交流。如果是知心的好朋友，你会发现有时候即便不说话也很愉快，彼此会有默契，因为这时候更多的是心的层面的交流。

亲子关系是一种比朋友情谊还要深的关系，不需要经常把“妈妈很爱你”挂在嘴边，可能你说的时候是心虚的，是因为你找不到那份感觉，如果你爱孩子，一个拥抱比语言更有力量。

当然，爱不是绝对不能说，而是不要变成口头禅。所有的语言都要有感而发，而不只是停留在语言层面。中国人是比较含蓄的，讲多了就不稀罕，偶尔有感而发地讲两句是可以的。

所以，如果你的孩子已经形成一个好的思维程序，就不要再用语言去赞美和评价，这样会变得很多余。

3. 善用红花和赞美。

如果孩子一些好的行为没有形成程序，家长和老师是可以用红花和赞美来帮助他们建立思维程序的。

譬如，孩子刚开始学洗手，我们就可以利用红花和赞美来帮助他们。但是一旦洗手已经变成一个程序，红花和赞美就会变成画蛇添足，反而会打扰到孩子。

譬如，孩子刚开始给老人让座，我们就可以利用语言或者红花来赞美他们的行为。而当孩子礼让座位已经变成一个程序，就不需要再赞美了。

譬如，吃饭是孩子的先天程序，是自发性的，红花和赞美会变成一种打扰。

譬如，好奇心是小朋友与生俱来的，每一个小朋友都很喜欢探索、学习，所以对于孩子的学习，我们要去唤醒他的好奇心和自发性，而不是通过红花奖励等途径来刺激他去学习。

所有的先天程序都不能用红花和赞美来破坏，不要理所当然地认为红花和赞美就是好的，要区分不同的情况。

二、思维程序植入的四个维度

1. 言传。

就是通过语言让孩子明辨是非。孩子日常生活中出现的各种情况，都可以通过语言让孩子有概念，譬如孩子打人，父母就要及时告诉孩子“打人是不对的”，用语言传递是非观念是植入思维程序的第一步；同样的语言重复很多次以后，就会内化为程序。

育儿小贴士：
通过言传轻松育儿——对事不对人

有些父母对待孩子格外小心翼翼，孩子犯错了，父母不敢责骂孩子，怕孩子受到创伤，给孩子造成阴影。这样的话，孩子是不是就不能管？

例子

有一次，小韬英语考了50分，回到家，爸爸说：“小韬这段时间休息得不好，老师又没补习，考试的时候小韬还拉肚子了，他只有一个小时做试卷，所以考得不好。”爸爸阐述了一个事实。这时候妈妈说：“小韬啊，从小我就观察他，语言能力一直不行，他在语言方面就是‘白痴’。”这时外婆对着小韬的妈妈说：“何止小韬是个语言‘白痴’，你和你爸爸也是啦，可以说我们全家都是语言‘白痴’。”

从以上例子可以看出什么问题？爸爸是说事实，而妈妈和外婆是在给孩子贴标签，下定义。

在养育孩子的过程当中，如何言传，才能做到既能正确教育孩子，又不会伤害到孩子？那就是父母要懂得对事不对人。

譬如上文中的小韬考试考得不好，父母可以就这件事批评孩子，但不是给孩子贴一个标签，说这个孩子就是语言白痴，没有语言天分。

再多举一些例子。小包打了妹妹，就这件事情父母可以批评他，父母可以说："小包，你打妹妹，这件事不对，我要批评你。"但如果父母冲口而出："小包，你怎么老是欺负人，你为什么这么调皮？你就不是一个好孩子。"这是对人而不是对事，给小包贴上了各种标签。

即使是两夫妻，也经常做不到对事不对人，夫妻吵架，什么话都会说出来。妻子："我真后悔嫁给你，你怎么这么没用？你就是个懒人……"丈夫："我真后悔娶了你，你什么都做不好，脾气又不好……"这些都是对人不对事，给彼此造成了深深的伤害，同时也没有解决任何问题，很多夫妻的感情，就是这样不知不觉磨掉的。

在日常教育孩子的时候，父母要学会正确的语言沟通，要针对的是事而不是人，要传递给孩子的是这件事应该是怎么样的，不要给孩子贴标签，而是先把事实讲出来，再告诉孩子一个好的解决方法。只有这样，孩子才不会受到伤害，而且还能学会明辨是非。

思考

在日常生活中，你有做到对事不对人吗？还是当情绪一来，你冲口而出的都是伤人的话？还是在无意中给孩子、爱人贴了不同的标签？思考一下，写下来。

育儿小贴士：

因为孩子是全然吸收的，所以在家里跟孩子讲话，要讲正面的话，注重讲话的艺术，你很难做到完全不讲负面的东西，但你可以用正面的词去讲，譬如，把“宝宝你生病了？”换成“宝宝你是不是不舒服？”他听到后心里会很舒服，因为他没有是或不是的概念，他对听到的负面或正面的东西，都会吸收。

多用正向的语言，譬如“宝宝你做作业不够细心呀”“你跑步不够快呀”……

人和人之间的沟通也是，不要用负面的语言，譬如我希望你好，对你一番忠告，这番忠告并不好听，虽然你明知道这段话是忠言逆耳而已，但你还是会抵触，因为虽然我讲的是真话，但这番话让你难受。头脑知道不应该抵触，但心很难受，所以你还是会听不进去。

2. 身教。

如果我跟孩子说：“孩子，不要随地吐痰。”我讲了很多次，然后我转身吐了一口痰。你觉得是跟孩子讲无数次道理的威力大，还是一次吐痰的行为的作用更大？如果你每一次过马路，都主动去扶老人过马路，即使你不说，孩子也会学到。

例一

网上流传着一个感人的视频，视频中，一个骑着摩托车的人在斑马线上出了意外，倒地不起，旁边车流人流来来去去，但没人过去帮忙。如果你的孩子在现场，你又是那个带着孩子走过斑马线的人，你的孩子会学到什么？可能是冷漠，可能是事不关己高高挂起。而视频中当有一位白衣女子从车里走出来，冲上前去，把摩托车和人扶起来的时候，身边的人看到了，也陆续跟着过去帮忙，刚好白衣女子的孩子坐在车里看到全程。这就是身教。

例二

有一次，孟子逃学，孟母用剪刀把自己千辛万苦挑灯熬夜才织成的一匹布剪了，以此来警示孟子做事半途而废会产生的后果。

身教比言传的力量大，因为语言的力量是在意识层面，而图像的力量是在潜意识层面，威力大很多。

0~6岁家庭教育的教材是什么？是“家庭”本身，父母本身就是教材。

家长对自己的要求，家长对自己家庭的尊重，家长对自己每一举止的注意，这就是首要的、最重要的教育方法。

3. 环境构建。

例子

孟子小时候，居住的地方离墓地很近，孟子学了些祭拜之类的事，玩起办理丧事的游戏。他的母亲说：“这个地方不适合孩子居住。”于是将家搬到集市旁。孟子又学了些做买卖和屠宰的事情。母亲又想:“这个地方还是不适合孩子居住。”又将家搬到学宫旁边。这次孟子学习了在朝廷上鞠躬行礼及进退的礼节。孟母说：“这才是适合孩子居住的地方。”就在这里定居下来了。孟子长大成人后，学成六艺，成为一代大儒。

孟子的母亲为了使孩子拥有真正好的教育和成长环境，可谓是煞费苦心。

环境非常重要，现在手机盛行，衍生出很多低头族。身为父母，如果你总是在孩子面前看手机，孩子会深受影响，因为孩子一直处于父母低头看手机的环境，他肯定也会被吸引，极有可能变得像父母一样爱看手机。

那么，如何进行环境构建？假如你希望孩子喜欢看书，你不需要跟孩子说你要爱看书，你只需要在家里到处放满书，孩子每天身处书香环境，同时父母自己也看书，营造起一个看书的氛围，孩子很容易就被植入这个思维程序。

如果你想要孩子晚上早点睡，到点了你跟孩子说要睡觉了，但整个房子灯火通明，甚至大声放着音乐、开着电视，这就不是一个适合睡觉的环境。

五星级酒店环境优美、窗明几净，在那里根本不需要挂一个警示牌提醒人们不要随地吐痰，人们进入这个环境就会很自然地保持干净卫生；而在一个脏乱差的大排档，地上全是水渍和垃圾，你在这个地方即便是挂了警示牌，就餐的人还是会很自然地随地吐痰、倒水、扔垃圾，因为环境的信息告诉他们可以这样做。

正如破窗效应，一辆车停在马路边，被敲烂了一个窗，如果不及时补上，过一段时间另一边窗也会被弄烂，再过多一段时间，可能其他窗户或轮胎也会被弄烂。也就是说，当车的窗户破了，它营造出来的环境在传递一种信息：这辆车是废弃的、是可以被破坏的、是不值得尊重的。

环境的威力很大，所以环境构建在亲子教育中非常重要。

4. 事实教育。

“是以圣人处无为之事，行不言之教。”

——《道德经》第二章

常常听到父母抱怨：孩子叫不动、不听劝、知错不改……

这是因为，父母唠叨太多，包办太多，经常替孩子“承担后果”。

孩子看到蜡烛很好奇，伸手去摸，你马上制止：“这是火，很烫，不要摸。”

孩子端着一杯水，你一路唠叨：“小心水倒出来。”

孩子没按时做作业，你着急地一直催促："快去做作业，明天老师要检查。"

孩子早上起床拖拉，眼看着去学校要迟到了，你忙前忙后替他收拾，拽着他一路狂奔确保不迟到。

事实教育是什么？如果孩子犯了错，造成不良的后果，让他亲身体验并承担自己所犯错误造成的不良后果，从中接受教训。用事实来教育孩子！

但在现实生活中，很多父母总是替孩子承担后果，把孩子的事情变成自己的责任，不愿放手，孩子根本无法体验到事实教育。

父母应该懂得培养孩子的自主感，在事实可控的情况下，放手让孩子去探索甚至犯错，这样孩子才能真正独立、长大。

孩子看到蜡烛很好奇想伸手去摸，通常父母都会马上制止："这是火，很烫，不要摸。"这时候你会发现孩子一脸懵懂、毫无感觉，而事实教育就是让他去摸，让他自己去体验什么是"火"、什么是"烫"，感觉到烫他自然会缩回手。

孩子端着一杯水，即使水倒出来了又如何？让孩子自己去承担后果。

孩子作业没做完，自然会遭到老师的批评，当他受到批评后便懂得了不做作业的后果。

孩子上学迟到，那就让他迟到，这样他才会知道拖拉、迟到会带来什么后果。

让孩子体验后果，便是让他做选择，他自己做出的选择，便要自己承担。只要大人愿意放手，让孩子体验事实教育，不用大人多说，孩子自然能学会怎么做。

当然，事实教育只适合放在后果不严重的事实上面，如果这个事实是一个很大的错误，父母就不能随便让他去犯。

譬如，孩子只是在小矮凳上跳来跳去，你知道他可能会摔下来，但这个情况是可控的，你就可以少一些唠叨，让孩子更有自主感地去感受跳跃，如果孩子真的不小心从矮凳上摔下来了，那就让孩子在事实中去感受什么叫"摔跤"，以及在矮凳上玩可能会造成的后果。但如果孩子在一个很高的地方玩耍，你就不能任由他去玩，要及时制止。

三、如何通过四个维度植入思维程序?

如果你希望孩子喜欢吃番茄，首先，你自己要很喜欢吃番茄，并经常在孩子面前吃，而且一边吃一边跟孩子说：“番茄有营养，应该多吃。”久而久之，孩子一定会喜欢上吃番茄。

如果你希望孩子养成饭前洗手的好习惯，首先，你要跟孩子说吃饭前要洗手，同时，你自己和每一位家庭成员每次在吃饭前都要洗手，通过言传、身教、环境构建，为孩子植入饭前洗手思维程序的成功率会很高。

如果你希望孩子喜欢跑步，就要经常跟孩子说“要多跑步，跑步对身体好”，同时，你自己也要喜欢跑，并经常去跑；如果再加上很适合跑步的环境，很快，你的孩子也会喜欢上跑步。

言传、身教、环境构建，根据不同情况再加上事实教育，你便能为孩子植入良好的思维程序。

育儿小贴士：如何与孩子有效沟通

植入思维程序的四个维度都非常重要，环境构建、事实教育大于身教，而身教大于言传，因为语言是线性的、单一的，是给头脑听的，而身教、环境构建、事实教育就像图像，图像是潜意识的语言，是给心看的，比语言的力量大。

孩子好像总是听不进父母讲的话，很多父母经常会这样批评孩子："不上心，左耳进右耳出，没心没肺……"父母唠叨不已，成效却不大，这时候应该反省的是父母，而不是孩子。

父母要学会的是有效沟通。如果我们想让孩子产生共鸣，单纯用语言是没用的。孩子0~6岁时头脑不发达，所以喜欢图画多过文字，父母要多用图像和孩子沟通。举一个例子，譬如孩子正在很开心地玩，而外出参加婚礼的时间到了，这时候，如果你说："宝宝，我们要走了，今天晚上去参加一个婚礼，再不走就迟到了，快点。"你觉得孩子会听吗？可能你要唠叨很多次甚至用更强硬的语气孩子才会配合，但是，如果你用图像化的语言和孩子沟通，你向他描绘一个美好的场景："宝宝，等下我们要去参加一个婚礼，婚礼有很多东西玩、有很多东西吃，有美丽的新娘，她穿得好像白雪公主，表哥表姐也会去玩，那里非常热闹……"当你营造出画面感时，孩子的思维会跟着你的方向去走，也会更配合。

什么叫沟通？双向才叫沟通，你讲的话对方听得懂，有回应，才叫有效沟通。如果你讲的话孩子听不进去，就是无效沟通。跟孩子沟通要用孩子能懂的语言，简单的语言加上简单的图像。

作业

你想为孩子植入什么良好的思维程序？总结一下，在日常生活中，运用植入思维程序的四个维度，为你的孩子种下良好思维程序的种子吧。

第六节 如何解除不良思维程序

一、解除不良思维程序的基本法则

我们先来看一下ABC理论。A是指自己，B是指滤镜（即我们的思维程序），C是外在的人、事、物。我们身边发生的事情、遇见的人，大部分都是我们自己吸引而来的，为什么？因为每个人都有不同的B，即不同的滤镜，我们对事情的不同看法造就了不同的人生，成就了不同的结果。譬如房间里有一枝百合花，在我们的眼里它是一枝百合花，在孩子的眼里可能是一个玩具，在一只小狗的眼里可能是食物。

例子

有一个故事，两个小和尚跟着师父走了很长的路，口渴了，他们来到小河边喝水，师徒仨都觉得河水很甘甜。这时候，有一个村民从上游下来，对师徒仨说不要喝这个水。师徒问为什么，村民说上面有一头死猪。师徒仨听完，刚刚还觉得甘甜可口的河水突然变了味。明明是同样的河水，对河水的看法不同了，师徒仨的体验也立刻改变了。

为什么对同一件事，不同的人有不同的看法？因为每个人身上的后天思维程序都不一样，后天思维程序是有好有坏的，决定着我们人生的每一个选择，它变成我们的本能，跟随我们一生。

孩子的后天思维程序是谁帮他建立的？是父母或者孩子的养育者。孩子长大后幸福不幸福，很大程度取决于B，即我们怎样看待自己，看待自己身边的人，看待自己的工作、生活等。如果我们的滤镜装的是负向的思维程序，那么我们可能会看什么都不顺眼，如果我们的滤镜装的是正向的思维程序，我们看到什么都会觉得很好。

父母不要舍本逐末，不要学一套所谓的育儿技巧去对付自己的孩子，要看到教育的源头在自己，要懂得呵护孩子的先天思维程序，也要懂得为孩子建立良好的后天思维程序，更要懂得解除不良的后天程序，这才是孩子真正需要的。好的思维程序像一颗珍珠，要把它珍藏起来、内化。而不好的思维程序呢？要解除。

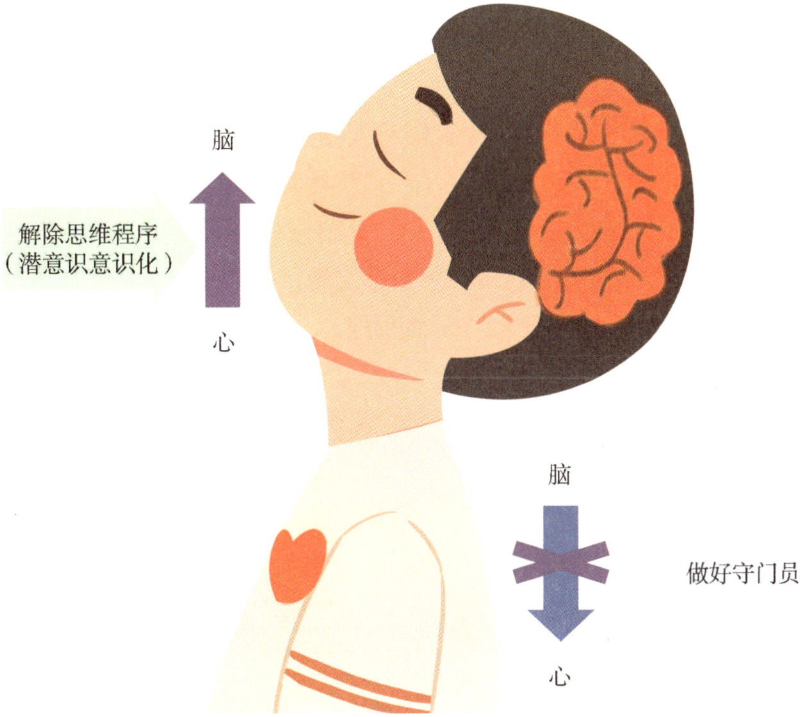

基本法则一：

◇ 父母要洞察孩子内心是否已经形成了不良的思维程序，如果有，已进入内心的不良思维程序需解除。

基本法则二：

◇ 父母要做好孩子的“第二层皮肤”，不让不良的信息和行为内化为孩子的思维程序。

孩子是全然吸收各种信息的，父母要做好孩子的“第二层皮肤”，如果有人给你的孩子贴标签，就要及时制止。要做好孩子的“守门员”，保护孩子的天性不受污染。当然，最重要的是父母，父母要首先做到不给自己的孩子贴标签，不轻易定义自己的孩子。

二、解除不良思维程序的方法

1. “见光死”。

不良的思维程序要意识化，让它从心的层面来到脑的层面，这个过程就好像把一颗有毒的种子从泥土里挖出来，让其“见光死”。

譬如，当你发现自己看到权威人物时总是紧张的时候，你可以轻轻拍一下自己，跟自己说一声“我看到权威人物有点紧张”，而不是带着批判地对自己说：“唉，我怎么又紧张了。”不评判自己，把自己内在的不良思维程序引导出来，不断重复“见光死”的过程，你就会慢慢地解除这个思维程序。

解除不良的思维程序还有一种方法，就是找人聊天。当你有情绪的时候，用聊天的方式，把不好的思维程序像倒垃圾一样倒出来，也是一个“见光死”的过程。为什么科学数据显示女性普遍比男性长寿？从某些方面来看，跟女性比男性更愿意袒露自己的内心有一定关系。俗话说，“男儿有泪不轻弹”，男性比较少找人倾诉，其实这都是把不好的思维程序压抑下去了。而女性比较感性，有不愉快的事情哭一场，或者经常会找闺蜜唠叨一番，这个倾诉唠叨的过程就是典型的“见光死”过程。

把心里不愉快的思维程序反复地用头脑层面的语言表达出来，这个过程就是不断外化的过程，就是一个解除不良思维程序的过程。

作业

你内心有困扰已久的心事吗？

找一位自己信任的朋友，和他分享你的心事。当心事被分享出来，就是一个“见光死”的过程，不良的思维程序即可解除。

例子

有一次，我的一位朋友带着她的女儿过来找我，我们聊天的时候，她的女儿就在另外一个小房间画画。我经过小房间的时候，留意到孩子画的画。她画了一个小女孩和一个女人，我猜想一个是她，一个是她的妈妈。于是我问朋友：“为什么孩子只画了两个人，爸爸呢？”朋友说：“爸爸有一些事情外出了，这两三年都不能回来。”我问：“那孩子不想念爸爸吗？”朋友说：“刚开始的时候可想了，天天哭，天天要爸爸，但现在好像不想了，也没怎么提起爸爸了。”

我跟朋友说，其实孩子一直是非常想念爸爸的，只是一开始的想念总是没有得到回应，久而久之，这种想念被压抑下去了，表面上看孩子是不想念爸爸了，其实这种想念一直都在。

我教了朋友一些方法，让她回家经常拿孩子爸爸的相片出来给孩子看，多跟孩子讲一些与爸爸有关的事情。孩子听多了，一段时间后又开始很想念爸爸，甚至哭着要爸爸。朋友一直陪伴并安慰孩子，用语言引导孩子："宝宝，你是不是很想念爸爸？如果你想念爸爸了也是可以的，你很希望爸爸能在身边陪伴你对不对？这都是可以的。其实妈妈也想爸爸了。"即使爸爸不在身边，孩子对爸爸的需要和想念也一直在流动，孩子并不需要压抑自己对爸爸的情感。大概过了半年，朋友说，孩子的性格没有以前孤僻了，变得阳光了，情绪也更好了。

很多父母是不允许自己的孩子哭的，为什么？因为当孩子哭的时候，大人内在的很多情绪也会被勾起，大人会觉得很难受，当大人没办法面对自己的情绪时，就没办法允许自己的孩子哭泣。但要知道，孩子的哭也是一个解除不良思维程序的过程。

一个孩子哭是很正常的，孩子哭的时候你要分清楚情况。第一种是生理上的哭，譬如身体不舒服，那父母就要带他去看医生；第二种是伤心难受的哭，譬如孩子遇到不开心的事情了，心里难受，这种情况下，父母要允许孩子哭，让他充分表达，把内心的情绪用哭的方法宣泄出来，要允许孩子的不良情绪"见光死"；第三种哭是假哭，是为了达到目的，这种哭就要任由他哭，千万不能让他得逞，因为有一次得逞就有无数次，这会变成一种交易，要父母不断地妥协。

2. 共情很有用，但"见光死"的威力更大。

很多育儿技巧说，当孩子有情绪的时候，父母要共情，要感受孩子的情绪，但有时候，孩子真实的情绪是什么，孩子未必会表现出来，父母也未必能懂。而"见光死"才是一个真正看到孩子内在、帮助孩子解除不良思维程序的过程。

例子

有一个孩子，小升初考试考得不好，他的内心很不好受，不过当他回到家，却跟爸爸说："爸爸，这次我考得不好，不过我毕竟努力了，也尽力了，现在考上的这所学校也不错。"这时候，如果爸爸和他"共情"，爸爸会说："是啊，那就别放在心上了，努力过了就好了。"孩子听到这番话，他内在的压抑和难受能得到解除吗？并不能，爸爸的共情只是帮助他把情绪压抑了下去，其实孩子还是难受的。

而如果爸爸用“见光死”的方法，当他听到孩子这样说，可以先带孩子出去散散步，让孩子放松下来，一边散步，一边和孩子说：“孩子，这次考试，爸爸知道你做了很多的准备工作，非常努力，但结果却不理想，你心里肯定很难受……”孩子听到这番话肯定会更释然，甚至会忍不住哭出来。

当你难受，就直面自己的难受，并把难受表达出来，说出来或者哭出来都是非常好的方式，不要用头脑去合理化任何情绪，这才是真正解除内在不良思维程序的方式。

看见，就是最大的力量！

作 业

找个机会和孩子聊天，让他多说一点，而你只是倾听。

第七节　小结

思维程序是代代传承的，几乎所有的思维程序一开始都是好的。譬如，老一代的人遭遇过很多天灾人祸，他们经历的是我们无法想象的生活，可能是饥荒、战争，他们很多人都在饥饿中度过一生，物质非常匮乏，所以，在老一代人的内心，有这样一个思维程序：吃饱了才能活下去，才能生存，吃饭是天大的事情。

所以在隔代教育里，都会存在一个普遍的现象，就是老一代在带孙辈的时候，都会在吃饭的问题上非常紧张，通常会逼孩子吃饭，或者追着孩子喂饭。

这个思维程序在物质匮乏年代，对于他们来说是正确的，但是时代变了，这个思维程序就不对了，如果放在孩子身上，就是一个错误，所以，如果我们了解了每一代人的思维程序和传承，我们就会明白为什么他们会与自己有着截然不同的做法和观念。

还有一个古老的思维程序，就是怕黑。在以前，没有电，甚至没有火。黑对于我们的祖辈来说，可能意味着死亡，当天黑下来，野兽会出没，一切会陷入未知，祖辈们要在黑夜把自己保护起来，并本能地把黑看成一种威胁的来源，这原本也是一个正确的思维程序，但放到现在，这对我们来说可能就具有破坏性，会让我们产生很多不必要的恐惧，怕黑可能会制约我们去做很多事情。

我们所吸收的后天思维程序，可能起初是对的，只是过了这么多年，到了某个时间点就变成错误的了。所以，不要做自大的父母，自以为是地认为自己的那一套放在孩子身上就是对的。

为人父母必须保持觉知，教育的维度是非常深远的，我们要了解的不仅是眼前的这个孩子，更要了解自己以及自己的祖祖辈辈。我们需要的是适合自己的良好思维程序，有了良好的思维程序，才能把它传承给我们的下一代。

我们没有办法做一个完美的父母，也没有办法为孩子构建一个完美的环境，但我们起码可以通过自身的学习成长，了解自己、了解自己的家族思维程序、了解孩子的思维程序，在教育孩子的每一个环节，有意识地不再去犯错。树立正确的育儿观念，学习系统的育儿知识，才能更好地教育孩子。

育儿知识问答

学员一：我儿子早上起床很拖拉，叫了很多次，他都拖拖拉拉不肯起床，这段时间发现他的拖延越来越严重。

答：你用语言让孩子起床，是一个命令，不是孩子的自发性行为。如果你发现孩子拖延，你只需要把闹钟时间提前，如果孩子喜欢拖延半个小时，你就直接把闹钟调前半个小时。你要预留足够的时间给孩子，可以用一些温柔的铃声，如小鸟的叫声，音乐声提醒孩子起床，不用跟孩子说太多话。预留更多的时间给自己和孩子，不要触发孩子的应激反应系统。

如果你担心造成习惯性拖延，那你就要计算他拖延的时间，然后提前预留好拖延的时间，再慢慢调整。要用方法，而不是用死命令、语言去指挥。

学员二：我怀孕的时候，每天都会听音乐，我的儿子对音乐就很有感觉，在他不到五岁时，我带他去学弹钢琴。他一开始挺喜欢，但练着练着就不想练了。我们觉得他有天赋和兴趣，所以会逼着他去学琴，有一段时间遇到瓶颈，我们就鼓励他，虽然瓶颈过去了，但总是觉得他弹得很心不在焉，我们在纠结到底该继续还是放弃。

答：如果他是天生喜欢弹钢琴的话，我们可以把他当成先天思维程序。先天思维程序就是天生注定的、自动自发的。如果孩子真心喜欢弹钢琴，你可以尝试下，当他不想学时，让他真的不学，然后尝试一下对孩子说："宝宝，你不想弹钢琴，那我们就不弹。"之后再观察他一段时间。如果弹钢琴是孩子的天赋，即便中间有一些波动，也不会有太大的影响，孩子最终还是会继续喜欢弹钢琴的。而如果一直逼他，不仅会破坏孩子的自发性，也会把本来属于他的事情变成大人要去负责的事情。

为什么要逼孩子吃饭，为什么要逼孩子做作业？你做这么多，就是在传达一种信息，你的这些事情都是父母帮你负责。现在的父母管孩子管得太多，孩子长大后，会不知道自己的感觉，不懂得更好地为自己负责，所以从小就要让孩子慢慢学会为自己负责。

学员三：像思维程序学所说的，好的思维程序不能“见光死”，父母有这个意识，但别人会说。譬如我儿子三岁开始认字，现在认的字比小学生还多，我从来没表扬过他，但很多人看到就会对他说好厉害啊，而且现在不是说要多鼓励孩子吗？我自己不鼓励孩子，还不让别人鼓励，这是在对立吗？应该怎么办？

答：这时候父母要做好保护，尽量让身边的人不要说，或者不要当着孩子的面说，不然会破坏孩子的自发性。

表扬和鼓励需要有适当的时机，如果孩子的某个行为还没有形成思维程序，是可以鼓励的，譬如你希望孩子去学书法，刚开始孩子的书法还没有写得很好，这时你就要一直鼓励他，让他有动力继续学习下去，而一旦孩子对于书法的爱好已经变成思维程序，就不用再鼓励了。譬如孩子从不洗手，有一天洗手了，你就要鼓励他，给红花也可以，但如果奖励他一百次后，重复了一百次，洗手变成一种本能，这个时候就不需要奖励了。当孩子的行为变成本能，具有自发性，就不用再管他，不要“见光死”，而要让它变成内在思维程序，自动重复。

尊重孩子的自发性并不是任由他发展，而是跟随，在尊重自发性的情况下，引导方向。很多父母想帮助孩子培养兴趣，譬如学数学，如果你跟孩子说：“孩子，你要学好数学，数学很重要。”孩子马上会有防御机制，他并不会因为你的“好建议”而真的去做。你可以悄悄地营造一些与数学有关的环境，譬如让孩子帮你买东西，算钱，用游戏的方法和孩子玩数字，或者多带他去一些好玩的数学兴趣班，潜移默化地让孩子爱上学数学。记住，没有一个孩子是不爱学习的。

我亲爱的孩子，
无论你何时跌落凡间，
你将走进茫茫人海，
展开多彩而漫长的跋涉。
尽管阳光总能驱走夜的迷茫，
但它并不能到达心灵所有的角落。
当细雨涤去世间的浊流，
会尽显风轻云淡的美丽。

——音乐家　邓伟标

第二章 孩子的“七情六感”

通过十几年的研究和体验，我总结出儿童思维程序学的“七情六感”，七情分别是：食、拉、睡、医、穿、玩、学，也就是说，0~6岁的孩子的生活分为这七种情景。

0~6岁的孩子生活情景无非为七种：食，就是饮食；拉，就是自主排便；睡，即睡眠；医，即生病就医吃药；穿，就是孩子平时的穿着；玩，就是玩乐；学，也就是学习。

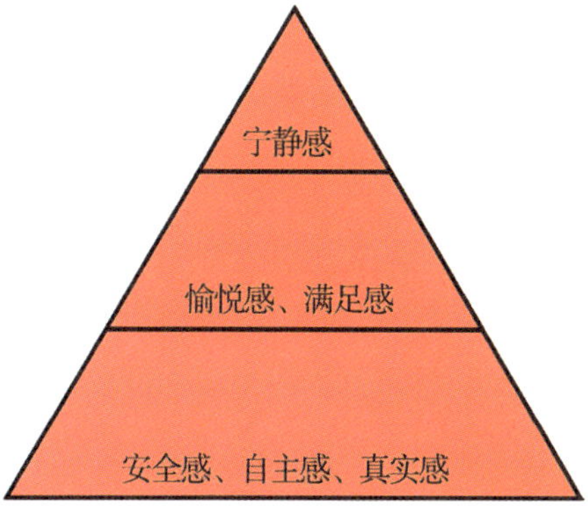

六感则是安全感、自主感、真实感、满足感、愉悦感和宁静感。六感就是六大核心思维程序。

孩子从呱呱落地的那一刻起，便开始了构建思维程序的旅程。孩子在生命初期，都是在体验和完善他的“七情六感”。如果父母帮助孩子在0~6岁期间把他的“七情六感”构建好了，相当于为孩子奠定了漂亮的生命底色，一个六感俱全的孩子，就能做到心和脑的完美结合，而父母也将一劳永逸。

育儿，是为孩子而做的亲子服务，我称之为“教育服务”。服务的效果如何考评？当然是从“客户”的角度去考评。父母的教育服务做得好不好，有无成效，是由孩子来感受和反馈的。怎么考评你的教育？从孩子的六感去考评。如果在孩子成长的过程中，安全感、自主感、真实感、满足感、愉悦感、宁静感俱足，你的教育服务便是成功的。

第一节　如何读懂你的孩子
——大数据育儿

思维程序学里提到了一个观点，重复的力量最大。所谓“见微知著”，从一些微小的细节上就能看到事情的实质和发展趋势。一个人是这样，一个家族也是这样。育人先育己，儿童思维程序学不仅仅是针对育儿，而是让每个家庭成员一起成长。

“只有经常性无偏差的重复方能叫思维程序”，思维程序是规律性的，没有偏差的，读懂了一个人的思维程序，就可以预测很多东西，因为你的数据量够大，通过大数据，你可以预测人们的性格、爱好等。

大数据是可以预测未来的。譬如流感爆发前，是谁最早知道？是搜索引擎，因为很多人在感冒初期，就会搜索查询“感冒初期吃什么药好？”“感冒了怎么办？”“感冒的症状”等问题，搜索后台会收集到相关的关键词，搜索量一下子爆发出来，这样便可以预测约一周后会有流感。

从前最重要的资源是那些看得见的东西，譬如土地、水、食物、原材料等，再往后发展，石油变成全球最大的资源，最近几十年最重要的资源是科技。那未来什么是最大的资源？是数据。

所以，我在儿童思维程序学里提出的一个重要观点是：大数据育儿。如果你足够了解自己的孩子，你就能更多地掌握孩子的数据，思维程序的构建就更容易。

育儿不能千篇一律，而是要因材施教。

如果你有两个或以上的孩子，细心观察他们的日常，你会发现他们有着不同的特质，可能他们有的喜欢画画、有的喜欢看书；有的喜欢安静、有的喜欢热闹；有的内向、有的外向。这些都是要靠父母在日常生活中不断观察孩子，收集孩子的数据才能得出的结论。

父母教育孩子是讲究方法的，是可以有所作为的，你可以通过思维程序学，结合足够的数据量，来引导孩子按照适合的方向发展。

第二节　读懂孩子的“反馈”信息

父母对孩子的爱是天性，父母都爱自己的孩子，但为什么那么多孩子还是受苦，那么多亲子关系还是那么紧张呢？因为很多时候你的爱是自以为是的，很多时候你的爱有可能会变成对孩子的一种伤害。

譬如，有些父母很喜欢扭曲孩子的先天思维程序，孩子不饿，所以不吃饭，而父母意识不到这一点，他们总是会对孩子软磨硬泡、威逼利诱，直到达到自己的目的为止。孩子是无力反抗的，他要照顾妈妈的感受，所以即使他饱了，也会不顾自己的感受照样把饭吃了，这到底是爱还是伤害？

一切教育服务的好坏，都要以孩子的反馈为准。六感是从孩子的角度去设计的，父母教育孩子的方法要以适合孩子为基础，要从孩子的角度去考量。父母认为他们给孩子提供的东西很好，但孩子感觉并不好，这个教育就是不好的。而如果孩子六感俱足，你的教育无疑就是成功的。

父母只有真正从孩子的角度出发，才能获得真正的反馈。

反馈会让你少走很多弯路。譬如你是做产品的，站在自己的角度，你觉得这个产品设计得很好，但这没有用，你应该以销量和客户的反应为准。如果你收集到了客户的反馈，你就会知道客户在想什么，他们需要什么，然后对产品加以改进，这样的服务才完美。

孩子也会经常给你反馈，譬如孩子晚上睡觉总是惊醒，反馈的信息是孩子可能是安全感不足；如果孩子玩一种玩具总是不超过三十秒，反馈的信息可能是宁静感被破坏，专注力不够；如果孩子总是叛逆，内心有很多压抑的情绪，反馈的信息可能是孩子的自主感被破坏了。一些小细节，反馈出来的是很大的信息，父母要时刻观察孩子，总结孩子给出的反馈信息，在得到孩子反馈后给予正确的引导。

反馈从不失约，如果你“没看见”或者“看不懂”小的反馈，那一定会有一个大的反馈在终点等着你，等到大的反馈出现再加以干预，通常都会太迟了，所以父母要见微知著，从小抓起。

第三章　安全感

在探索孩子的安全感之前，我们先了解一下马斯洛的需求层次理论

第一层次是生理需求，如食物、水、空气、性欲、健康、睡眠、呼吸等。这个需求是最基本的，如果这一项得不到满足，人类个体的生理机能就无法正常运转。

第二层次是安全需求、社会需求、尊重需求，如人身安全、家庭安全、生活稳定、工作职位保障、健康保障、亲情、友情、爱情、自我尊重、被他人尊重、信心、成就等。

第三层次是自我实现需求，也是更高层次的需求，如价值观、创造力、引领性、责任感等。

从马斯洛的需求层次理论可以看出，安全感是一个人最基本的底层需求，只有当一个人有了安全感，他才会发展更高层次的需求，譬如尊重和自我实现的需求等。

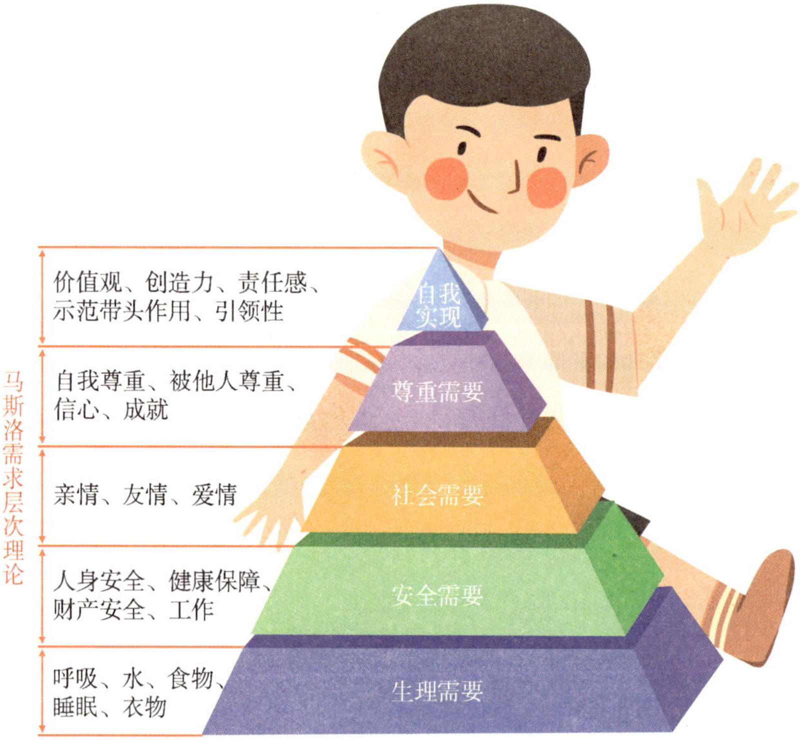

第一节　什么是孩子的安全感

一、安全感的对立面是什么？

我们要探索孩子的安全感，首先要从大人的安全感出发，因为人的安全感都是一样的，大人只有自己体会到安全感，才能正确地探索孩子的安全感。

当我们探索安全感时，要先花很多时间去了解它的对立面：不安全感。

勇气、信任、放松、柔软，都是安全感的来源和表现，而这些的反面是什么？怯懦、恐惧、紧张、焦虑，这些都是不安全感带来的。记住这四个对立面并深入探索，才可以获得真正的安全感。

如果一个人感觉到不安全，他的身体通常表现得紧张、恐惧、僵硬、脸红、呼吸急促、冒冷汗……

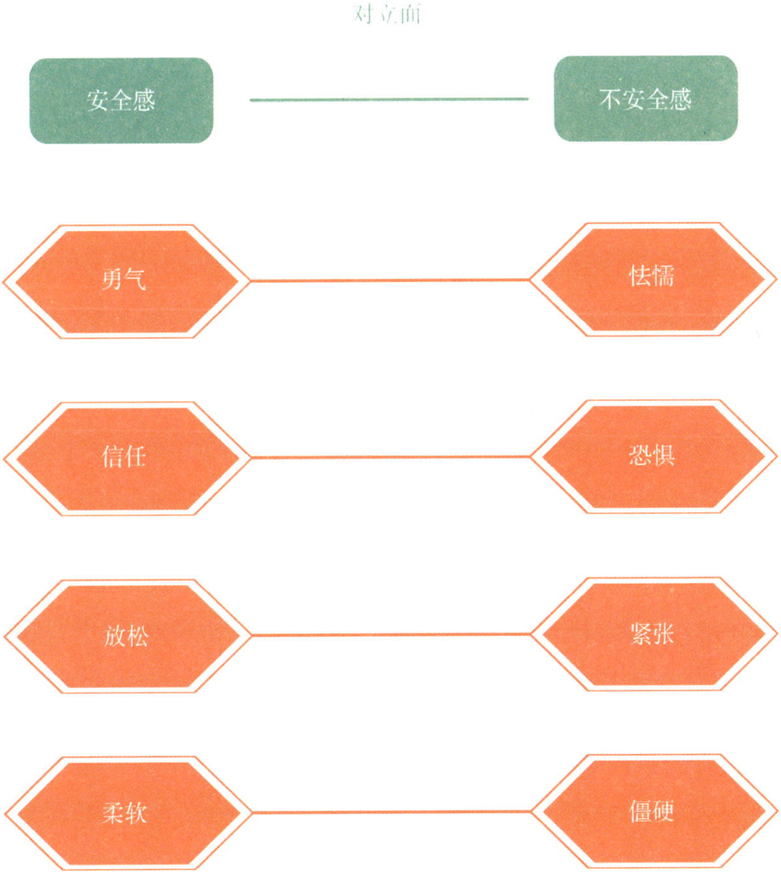

二、孩子的安全感是怎么被破坏的？

安全感是儿童身心健康的基础。没有安全感的庇护，孩子容易陷入封闭的自我保护状态，不敢接触新事物，不敢交流，缺乏自信。

婴幼儿安全感的建立是和父母功能的发挥紧密联系在一起的，父母在养育孩子的过程中，特别要注意0~6岁期间安全感的建立，因为这对孩子的一生都会产生影响。

孩子童年时期的安全感，大体可以分为胎儿期、出生时、6岁前三个阶段，保证孩子在每个阶段都能获得充分的照顾和回应，这样孩子一生的安全感就有了一个良好的基础。

1. 胎儿期。

孩子的安全感，要从胎儿期探讨起，因为当孩子还是胎儿的时候，他就已经有了记忆。如果孕妇情绪不稳定，甚至有些孕妇有不想要孩子、堕胎的念头，胎儿都是可以感受得到的，因此，孕妇在怀孕阶段保持稳定的情绪，对胎儿安全感的构建会起到关键作用。

2. 出生时。

出生对婴儿来说是一个极大的恐惧，婴儿从舒适的子宫降生到一个完全陌生的世界，以前通过脐带输送的丰富营养现在完全中断，羊水中的自由自在突然消失，所有这些变化都是剧烈的。

如果是顺产的话，胎儿是知道自己准备要出生的，剖宫产的孩子安全感会更容易受影响，因为剖宫产是在胎儿完全不知情的情况下分娩的，所以这个过程对胎儿的心理冲击更大。

刚出生的孩子，温饱、冷暖都要被及时满足。父母的亲自照顾、亲密陪伴非常重要。

3. 六岁前。

孩子出生后到六岁期间的基本生理和情感需求有无被满足，与安全感的构建息息相关。在0~6岁期间，各方面的需要能得到充分回应的孩子，长大后才会有安全感，才能真正独立。

孩子安全感的建构很难，要破坏却很容易。随着孩子逐渐长大，他会开始接收周围环境的信息。生活中，很多妈妈经常说一些摧毁孩子安全感的话：

"你再不吃饭，就让警察叔叔把你抓走！"
"你再哭，妈妈就不要你了！"
"再这样妈妈把你送给大狮子！"
"你不是我生的，你是捡来的！"
"你再不听话，信不信我打你！"
……

威胁、吓唬孩子是破坏安全感最常见的做法。

孩子的理解力是有限的，这样的话语会让孩子怀疑父母对自己的爱，容易产生被抛弃的恐惧感，安全感急剧下降。永远不要用威胁、吓唬、不理睬来让孩子听话。

孩子上了幼儿园也会面临很多不安全的困境，譬如老师的批评、家长给的压力、各种兴趣班、同学间的攀比、惩罚等，这些都会导致孩子产生不安全感。

孩子长大后，这些小时候重复接收到的不安全感会逐渐内化为思维程序，自动运行。所以人们会在不同的场景里紧张、焦虑、不安，这些都与小时候安全感的构建有很大关系。

作业

你的孩子有安全感吗？你有无构建好孩子的安全感？平时家里人有用吓唬或惩罚等方式去破坏孩子的安全感吗？请写下来。

三、孩子的不安全感最重要的来源

上文讲了很多关于应激反应系统的内容，如果你在草丛里看到蛇，你会马上跳开，会害怕、心跳加速；如果走在路上突然有人抢你的东西，你会紧张，呼吸急促，就像被老鹰追捕的兔子，要不就战、要不就逃、要不就冻结。

当你感觉不安全的时候，应激反应系统会让你呼吸急促，可的松、肾上腺素等激素都会出来，如果这个时候你去打了一架（战），或者跑一场（逃），都可以把激素用完，但可悲的是，我们一般都是处于冻结的状态，身体会变得紧张僵硬。

0~6岁的宝宝都是很柔软的，然而在成长过程中，应激反应系统不断地被触发，身体积累残留越来越多的毒素，长大了就会变得越来越僵硬。

先天程序—应激反应系统

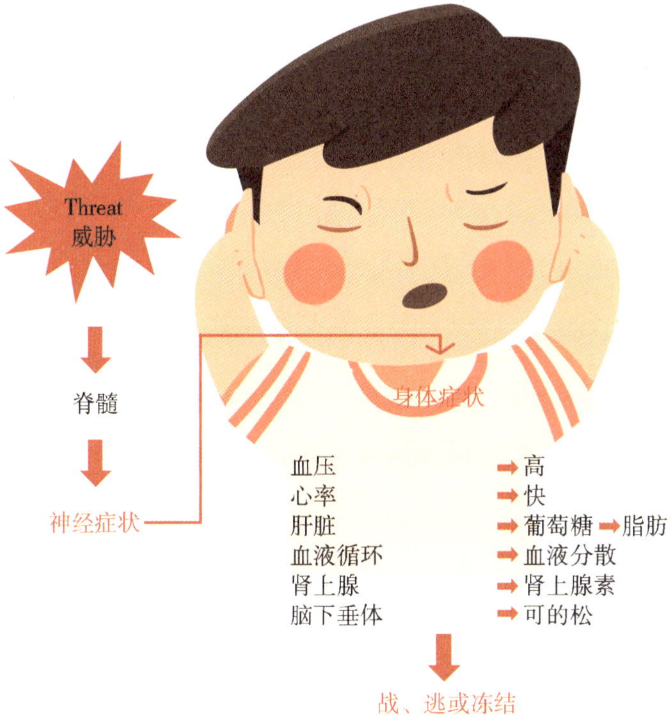

威胁有很多种，有些威胁是真实的，譬如被打、被骂，或者突然有一条蛇出现在你面前。而有一些威胁未必是真实的，这些威胁是心理层面的，心理层面的威胁同样会触发应激反应系统。

看看日常生活中这些虽然微小但影响很大的例子，你或许会找到答案：

◇ 公众演讲；
◇ 会议上被领导批评；
◇ 孩子突然在自己的视线范围内消失；
◇ 手机快要没电；
◇ 开车开到窄小的路上；
◇ 丢失钱包；
◇ 迟到；
◇ 半夜三更电话响；
◇ 突然停电了；
◇ 出门忘记带手机；
◇ 被催促；
◇ 去到人太多的地方；
◇ 畏高；
……

去感受一下身处这些场景时的感觉，紧张、急迫、害怕、担忧……

我们时不时被外界打乱自己的节奏，为什么我们不能拥有自己的时间慢慢来？因为小时候，父母不允许，我们从来不被允许拥有自己的时间，吃饭要快、穿衣服要快、出门要快。等到你长大了，即便再没有人在你身边催促提醒，一到某个场景，紧张不安的感觉还是会在。

其实人很多时候都是自己把自己搞得很紧张，你的僵硬不是一两天的事情，都是慢慢累积起来的。如何解除这种紧张僵硬？要从小事一点一滴去探索，才能从根源上解除不安全感，收获真正的安全感。

作业

你的应激反应系统什么时候会被触发？你的不安全感的源头是什么？探索一下，并写下来。

第二节　如何解除不安全感

如果我们总是处于不安全的状态，对身体和心理都有很大的伤害，孩子也会全然地感受到你的状态。一个紧张焦虑的妈妈，她的孩子也容易紧张焦虑；一个经常愤怒的爸爸，他的孩子也容易经常发脾气；而一个乐观、平和的妈妈，通常会让孩子感觉到安全、自在、乐于去外界探索。

父母要帮孩子构建安全感，首先自己要有安全感。

我们的不安全感都是日积月累引起的，解除它要从生活中的一点一滴做起。

一、解除不安全感的方法之一：早、简、素

通过早、简、素，可以解除引发不安全感的外因。

关于“早”：赶时间、事情不能如期进行总会让人抓狂，如果是这种情况，一个“早”字可以让你解除这种不安全感。

譬如你在交停车费时特别容易紧张，你可以提前交费；你特别害怕手机没电，可以提前带好充电器；你迟到会紧张，那么你就提早出门。

关于“简”：一个复杂、混乱、难以控制的环境，也特别让人不安，这时候，一个“简”字可以帮助你解除这种不安全感。

例子

一个音控台上有几十个按钮，非常复杂，让人看得眼花缭乱。一个衣柜非常杂乱，每次一打开柜门，衣服都会掉出来，你的不安全感也会被触发。所以，要让自己所处的环境是非常简洁自在的，一旦简单就不容易紧张。

关于“素”：当你处于一个需要时刻保持警惕的环境时，你也

会特别紧绷。这时候一个“素”字可以帮助你解除这种不安全感。

例一

有一个很爱面子的老太太，她不是很有钱，但她非常注重外表，每次出门，她都恨不得把所有的贵重物品都戴在身上：金饰、项链、钻石等，炫富的同时也会很紧张，因为她要保护好这些贵重物品，既担心被偷又担心丢失，整个人的应激反应系统一直在被触发。

例二

有一次访谈，主持人看到某知名企业家戴着一个非常普通的牌子的手表，价格很便宜，于是主持人问他：“先生，我可以看一下你的手表吗？”企业家说：“这个手表值三百美金，通常我会戴着这个手表去打高尔夫球、潜水，想干吗都可以，但如果我戴一个十万美金的名贵手表出门就没法这么潇洒了。”

为自己营造一个朴素的环境，你就不需要过多地担心，不安全感就不容易被触发。

二、解除不安全感的方法之二：“见光死”

按照“早、简、素”的方法，可以解除引发不安全感的外因，但生活中还是有很多无法预测的情况发生，比如可能你要去参加一个重要的会议，你已经提早出门了，但因突降暴雨或路上的交通意外导致大塞车，你还是面临迟到的威胁，你的应激反应系统还是被触发了，你开始担心、焦虑、不安、烦躁，这时候怎么办？

可以运用第二个方法，那就是“见光死”。首先，深呼吸、连接身体、感受内在的感觉，去看看发生了什么，把手放在你的胸口，然后，为你感受到的内在的不安全感贴上一个中性的标签：

“嗯，我看到了，你现在很紧张、很不安、很担心，没关系的，我在这里，你是安全的……”

当你反复多次练习后，这个不安全的思维程序就会从心的层面带到头脑层面，重复去让这个内在的不良种子“见光死”，便能解除这种不安全感。

三、解除不安全感的终极方法：豁出去

解除不安全感的终极方法是，接纳可能出现的最坏的情况，总结为三个字——“豁出去”！

例子

战国时代有一个将军，冲锋陷阵很多年，后来归隐了。一天他在客厅把玩名贵的花瓶，手一滑，差点把花瓶掉在地上，幸亏接住了，吓得他一身冷汗。这时，将军居然将花瓶一下打烂了。他跟旁边的人说：“我冲锋陷阵那么多年，没试过像刚刚那样紧张，看来我把这个花瓶看得太重要了！”其实最坏的结果就是花瓶被打烂，没有什么比这个更坏的了。

孩子吃着一碗粥，不小心把碗打烂了，这时候，大人通常都会很大反应，把自己和孩子都搞得很紧张。其实，打翻一碗粥并不是多大的事情，最坏的结果也就是重新煮一份，要不就是孩子这一顿饭没吃饱。

孩子打人怎么办？孩子读书不好怎么办？孩子上课总是迟到怎么办？……育儿日常，孩子总有各种情况，经常制造紧张不安，父母和孩子的应激反应系统总是在不断被触发。

很多时候，引发我们不安全感、恐惧、紧张的事件都是被人为想象和夸大的，其实真实情况可能不至于那样。

现在的父母为什么那么执着焦虑？因为他们只看眼前。孩子一次考试不及格、孩子打了一次人、孩子偶尔没吃饭，你就很紧张，如果把时间拉长，一次考试、一次打人、一次没吃饭，难道就决定了他的一生？就好像一张白纸，上面有一个小黑点，如果你一直盯着这个小黑点看，你就无法看到更广阔的画面。

学会把引发你紧张的人和事放在更大更远的时间和空间维度上去看，这些人和事或许就影响不了你了。

孩子在成长过程中，难免会遇到挫折或者做错事，在非原则问题上，家长不要过分斥责、打击孩子，不要放大紧张、不安和焦虑，应该创造安全轻松的家庭环境。

作业

列出日常能够触发你应激系统的情景，运用以上三种方法加以解除。

第三节　如何建立孩子的安全感

一、恰当的分离和融合

分离和融合贯穿孩子的一生，决定着孩子的安全感和人生的品质，作为父母，要让孩子既懂分离又懂融合。

当孩子还在妈妈的肚子里，十月怀胎，这时候的孩子和妈妈是合一的，不分彼此，孩子在这十个月里，是与妈妈完全融合的。

孩子人生中的第一次分离就是分娩，孩子从妈妈的肚子里出来，对于新生的婴儿来说，那是一种强烈的被分离的感觉，所以在孩子刚刚出生的时候，妈妈要给予亲密的哺育和陪伴，让婴儿感受到足够的融合度。

当孩子开始会爬，他会开始尝试离开妈妈的身边，会爬出一段距离就回头找妈妈，或者又爬回妈妈身边，这是一个孩子开始体验分离感的过程。这个阶段，妈妈要随时让孩子看到，随时迎接孩子爬回自己身边，让孩子感觉到分离的同时也有融合，让孩子知道即使跟妈妈有一点距离，也是安全的。

当孩子开始走路，他会跑得比之前更远，有时甚至跑出妈妈的视线范围。在这个阶段，妈妈要跟随着孩子，时刻保护他，同时让孩子感受到不管跑得多远，妈妈都在身边。你会发现孩子跑出一段距离后又回来找妈妈，而如果你抱他一段时间后，他又会挣开你出去奔跑。这个过程就像电动车没电了回来充电一样，这时候，妈妈就像孩子的移动“充电桩”。

当孩子上幼儿园了，他开始面对一次比较大的分离。因为白天有很长的一段时间看不到妈妈，很多没有做好分离和融合的孩子都会特别焦虑。这时候妈妈要告诉孩子：“没关系，妈妈每天都会来接你。”让孩子感受到足够的陪伴和交流。

当孩子上小学、中学，可能会开始寄宿，只有周末才回家，这时候父母就要学会适当放手，和孩子分离得更远一点了。

当孩子上大学了，可能孩子会去到更远的地方，甚至出国，一年可能只回家几次，到了这个阶段父母就要更多地放手，让孩子走得更远、学会独立。

育儿就是这样一个过程，有时候分离，有时候融合，在该分离的时候分离，在该融合的时候融合。不要一下子推开孩子，也不要一直把孩子留在身边把他变成妈宝男。

分离和融合是有节奏的，是循序渐进的。

最成功的教育就是，当某一天孩子长大了，他会逐渐和你分离，背对着你走向他自己的人生，但是带着一份跟你深深的连接和爱。

二、过多的分离或者过多的融合

过多的分离，譬如留守儿童一出生，就留给家里老人带，父母在身边陪伴的时间很短，这类孩子通常会过早独立坚强，因为他找不到“充电桩”充电，只能靠自己。这类孩子也会因为感觉不到父母的关爱，性格容易变得内向孤僻，这样成长的孩子会严重缺乏安全感。

过多的融合，譬如妈妈是全职的，孩子从出生到上幼儿园前，一直都带在身边，妈妈基本把孩子的日常事务都包办了，平时没有有意识地和孩子逐步分离，孩子没有独立成长的空间和机会。这样孩子上幼儿园的时候就容易出现严重的分离焦虑症。他们长大后，也会比较容易变成巨婴、妈宝。

如何知道自己是过度分离还是过度融合的父母？可以对照以下四种情况：

“孩子不会做，父母帮他做”，这种情况叫作“照顾”；

“孩子会做，父母帮他做”，这种情况叫作“包办”；

“孩子会做，父母不帮他做”，这种情况叫作“跟随”；

“孩子不会做，父母也不帮他做”，这种情况叫作“放任”。

教育的目的就是为了更好地分离，让孩子有能力成为一个独立自主的人，而分离建立在适当融合的基础上。

在孩子的成长过程中，父母要给予足够的信任，懂得在不同的阶段“照顾”和“跟随”孩子，不做凡事“包办”，也不做“放任”不理的父母，懂得不断在分离和融合之间切换，这样孩子才能从父母身上获取安全感，拥有安全感的孩子才能拥有独立完整的人格。

作业

在孩子的成长过程中，你做好恰当的分离和融合了吗？孩子有分离焦虑吗？会很黏人吗？观察一下，记录下来。

三、充足的触感

触感是人类最原始的感觉。所以，触感是提高孩子安全感的最关键因素之一。

为什么顺产的孩子比剖宫产的孩子相对有安全感？因为经过产道挤压。

为什么母乳喂养的孩子比奶粉喂养的孩子相对有安全感？因为母乳喂养的孩子，妈妈在喂养过程中和孩子会有更多的触感培养。

为什么妈妈在身边的孩子比留守儿童相对有安全感？因为留守儿童长期缺乏父母的陪伴，更谈不上有触感的培养。

如果你的孩子安全感不够，就大量地培养他的触感。0~6岁期间，玩陶泥、玩沙水、外出多牵手、经常拥抱、帮孩子按摩，都非常好。

睡觉时父母最好有一个身体部位是和孩子接触的，比如父母把手搭着孩子，或者让孩子抱着父母的手，让孩子整晚都有触感的陪伴，这样孩子是非常有安全感的。

很多人上台发言，手里拿着一些东西会感觉自在一点，为什么？因为触感会增加安全感。

孩子是否应该和父母分床睡是一个没有标准答案的问题，如果孩子还没有准备好就强迫孩子分床睡，是在破坏孩子的安全感。正确的做法应该是一起睡到孩子有足够的安全感，他就会自然地跟父母分床睡，走向独立。

触感同样适用于大人，亲人见面一个握手或者一个拥抱胜过千言万语。

四、好人VS坏人

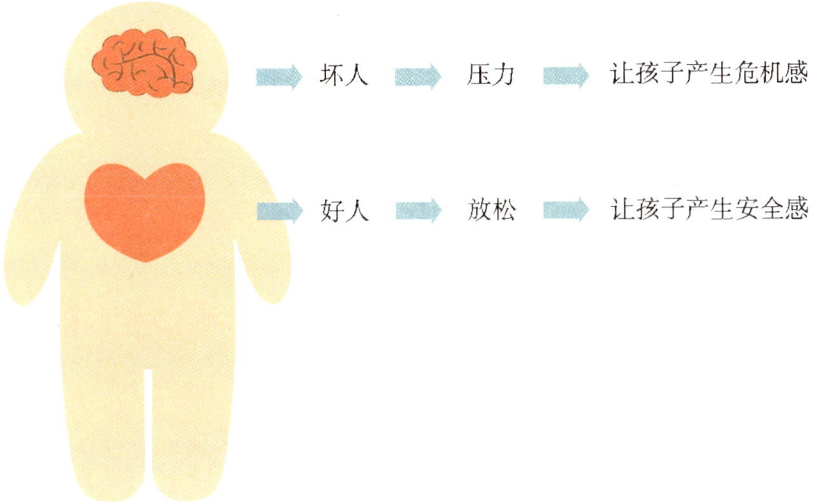

应激反应系统是一个先天程序，并无好坏之分，关键是父母如何利用。合理地利用应激反应系统，对构建孩子的安全感非常重要。

坏人施压会让孩子进入头脑，好人减压会让孩子进入心。

如果孩子的身边全都是“好人”，爸爸妈妈、爷爷奶奶甚至保姆都对孩子呵护备至、轻声细语，生怕孩子受到一点伤害，孩子每天都很放松，应激系统几乎没被触发过，这样的孩子就会过于放松，变得很懒散、“佛系”。

相反，如果孩子身边的人都是“坏人”，对孩子诸多要求、严苛打压，经常让孩子感受到威胁和压力，孩子的应激系统时刻被触发，这样的孩子会变得紧张、僵硬，很难放松。

中国自古就有“严父慈母”一说，父亲做坏人，母亲做好人，一个用脑来建规则，一个用心来培养感情，刚柔并济。

一个孩子的应激反应系统应该是既不松散又不紧张、恰到好处的。

如果你发现孩子比较懒散，可以带他去运动，譬如打球、跑步，适当地竞赛，适当地触发孩子的应激反应系统，同时在运动的过程中把激素释放掉。

如果你发现孩子比较紧张，那么可以让孩子去画画、玩音乐之类，让他在艺术性的活动中卸下紧绷，给他减压。

就像猫捉老鼠，如果猫一直紧盯着老鼠洞，就会绷得很紧而受不了，但如果太放松，就会一不留神放走老鼠。

父母要根据孩子不同的情况作调整，懂得合理运用和引导孩子的应激反应系统，做到松紧有度，让孩子警觉而不紧绷，放松而不懒散，让孩子处于流动的状态。

警觉而放松是构建孩子良好的安全感的最基本原则。

作业

当你与好友见面时：

1. 简单地打声招呼；
2. 亲切地握手；
3. 开心地拥抱；

感受一下有什么不同？

第四章　自主感

第一节　什么是自主感

孩子天生充满好奇心，好奇心是学习的原动力，如果一个孩子不喜欢学习，肯定是大人把他的好奇心破坏了。

很多人学了十几年英语，但依然学不好，为什么呢？因为他们不是自发性去学习，不是在好奇心的驱使下去学习的。

一个人的行动可能源于两个地方。

一、行动源自脑

孩子的行为可能会源自头脑，也就是孩子在头脑里思考，根据当下分析判断后做出的行动。

譬如孩子想要学习一首歌，但妈妈叫他去学习另外一首，孩子不愿意，妈妈数次劝说无效，便拿出棍子来威胁孩子，这时候孩子就会分析判断，如果不服从妈妈就可能会受到惩罚，所以就只能服从。这个是头脑分析后做出的行为，这个不叫**自主感**，而叫**他主感**。

因为这个行为不是出自孩子的心，他是在妈妈的强迫掌控下行动的，毫无自发性，这样的学习很难有成效；其次，孩子还小，他没有能力抵抗，迫于压力，在当下他选择服从妈妈，但在这种教育下长大的孩子，当长大到十几岁的时候，就会出现叛逆期。

二、行动源自心

孩子的行为可能会源自心，源于心的自发性。这是至高无上、最有力量、内在生生不息的驱动力。这就是自主感。

孩子的好奇心是一种自主感："我好奇妈妈讲的是什么语言，我很想学！"他天天在听在学，所以孩子两年就能学会一门语言。

而大人呢，大人学英语，首先是老师要求学，还要应付考试，都是外在的驱动力，力量不大且不持久。

孩子吃饭，也是一种自主感，胃在慢慢地排空，一直到感觉到饿了，身体就会本能地提醒孩子要吃饭了。如果孩子的胃只是消化了一点，就不停地补上，孩子根本没有机会感受到饥饿，一个人不饿却被逼着吃饭，相当于破坏了一个人对食物的自发性需求。

孩子如厕，是自发性行为，孩子喝水后，膀胱一点点地膨胀，当膀胱满了，就本能地想上厕所，如果宝宝的膀胱都未满就把尿，孩子没有体验到尿急是什么感觉，而只是听命于头脑："你让我上厕所我就上。"只有孩子感觉到很急，本能地想去上厕所，这样才是真正的动力。

例一

有一个弟子，跟着师父修行多年，一直勤奋精进，但多年过去，修行仍不理想。

有一天，弟子忍不住请教师父："师父，为何我如此勤恳修行多年，仍不见成果？"

师父听了弟子的问题，并没有回答，而是让弟子跟着他。走到一条河边，师父让弟子蹲下来，对弟子说："你看看河水。"弟子伸出头仔细地看，没看出什么，突然师父的手用力地把弟子的头往水里按，弟子瞬间无法呼吸，拼命挣扎，好不容易挣脱了，他把头抬起来，十分不解地看着师父。

这时候师父问："刚刚在水里你最想要什么？"弟子说："我最想要的是呼吸空气。"师父说："如果你对修行的渴求就像你对空气的渴求那么强烈，那么你一定会有所成就。"

例二

一个年轻人问智者："怎么样才知道自己目前所做的事情是否是自己的热情所在？"

智者回答说："问一下你自己，你目前所做的事情，没有报酬，你会不会做？如果答案是肯定的，没有报酬，你也自发性地愿意去做，这就是你的热情所在。"

作业

1. 你曾经做过哪些即使有阻挠也要做的事情？或者说，不给钱你都要做的事情？

2. 你的孩子哪些事情是不用你催，不用督促，都会排除万难要做的？

第二节 是什么破坏了孩子的自主感？

自主感对于孩子的人生来说非常重要，却可能常被父母忽略。追求高效的父母最容易破坏孩子的自主感，他们会有意无意地操控孩子。很多父母对孩子有以下的感受：

- 总觉得孩子做得不对，或者做得不够好；
- 总忍不住担心孩子，怕孩子受伤；
- 能帮做的事情，父母都愿意“代劳”；
- 规定孩子每天必须几点起床；
- 帮孩子选择兴趣班……

有些控制欲微小到我们都察觉不到，这些“细心”建立的规则聚拢在一起，就成了一张密不透风的网，造就了无事不唠叨、凡事都干涉的家庭。笼罩在这样的家庭关系里的孩子，长大以后大多容易变成“听话”却毫无自主感的妈宝、巨婴。

孩子因为没什么事情需要自己担心，所以也很难找到内在强烈渴望的力量。日复一日，有些孩子会逐渐把父母的这些想法内化为自己的想法，将其变成引领自己人生的思维程序。孩子习惯了依赖环境、依赖父母，没有太多自主意识。

一、缺乏自主感的两大特征

第一，根本不知道自己想要什么。

很多人得过且过、浑浑噩噩，但他也没办法，因为他根本不知道自己真正想要的是什么。没有一件事能挑起他的兴趣，他对什么都提不起激情。

为什么会这样？因为“空心病”。

“空心病”源于两个方面，一个是“麻木”。我一直强调人要柔软，柔软的人才会敏感，敏感才会知道自己想要什么。

0~6岁的孩子是很柔软、很敏感的，因为他在发展“心”，孩子发展心的阶段需要时间，但是父母通常都没有耐心，而是过早地开发他的“脑”，孩子没有机会遵从自己的感受、慢慢地推动跟心的连接。大人的拔苗助长，让孩子变得麻木。

“空心病”还有另外一面，就是“从众”，因为不知道自己想要什么，所以从众。

从众，等于无生命的秩序，别人有的你要有，别人干的你也要干，你走的每一步、过的每一天，都是看别人怎么样，你就怎么样，这是没生命的，至少这不是你的生命。

生命是没有标准答案的，一个有自主感的人，可能他的人生没什么秩序，但是很有生命力，知道自己真正想要的是什么。

第二，我很清楚自己想要什么，但是有很多的制约。

缺乏自主感有两种情况，一种情况是想做而不敢做或者不能做，还有一种情况是不想做却又不得不做，这都是因为后天被灌输了很多的制约，譬如喜欢一个人却不敢表白、没勇气从事自己有兴趣的工作、不敢在公众面前发言……我们从来没有去质疑这些制约的真实性。如果我们去做了，真的会像自己认为的那样，一定会失败吗？

后天学到的制约，在约束你的人生、混淆你的心，让你无法做出正确的决定。你要看到自己的制约，并去解除它，人生的方向和格局才有可能变大。

二、认识制约

要解除制约，首先要了解制约。制约通常分为以下几类。

1. 眼界——你的认知范围有多大?

一个人只会在自己的认知范围内做出选择。譬如你要做一个选择，你的头脑里会显现A、B、C三个选项，你只会在这个范围内做出选择，除了这三个，你不知道还有其他选择，所以你也不可能会选其他选项。但其实除了A、B、C，可能还有D、E、F。

所以，视野和眼界太窄，会限制我们的意识范围，要打破头脑的制约，就要打开我们的意识范围。

父母养育孩子，一定要多带他多看多听多感受，接触的事物多，选项才多。

有时候，孩子不知道自己想干什么，那是因为没有接触过，父母没有提供机会让他接触。孩子可能喜欢画画、看书、弹琴，而父母限制了他的尝试范围。

父母只有提供很多的选项，给孩子足够多的选择，孩子才会知道自己想要什么。只有接触得多，眼界才会开阔。

2. 信念——世界上的事应该是怎样的?

有一个例子，很多年前，人们普遍的观念是“人类不可能在十秒内跑完一百米”，而这个纪录保持了很多年没有被打破。某一天，一个人在十秒内跑完了一百米，这个持续了多年的观念突然被打破了。然后发生了什么？人们开始不断地挑战一百米，接二连三地打破原先的限制，而这个被相信了很多年的观念也被瓦解了。

很多年前人们都以为天鹅是白的，直到后来出现了黑天鹅，“这个世界上只有白天鹅”的观念也被瓦解了。

在成长的路上，父母肯定会给你很多的观念，他们根据自己的观念告诉你这个世界应该是怎么样的，而你同样也会在无意识中给你的孩子很多观念。如果我们一直没看到这些观念带给我们的限制，我们便无法瓦解它们，只会代代都活在这些观念里面。

3. 身份认同——你如何看待自己?

社会上有富二代富三代，当然也有穷二代穷三代。如果你父母从小对你灌输：“我们家都是赚辛苦钱的，你不要自己创业啊，我们都没这个命的。”同时你也看到，父母赚钱真的很辛苦，而且家里也不富裕，这个思维程序已经植入你的内在。

当你长大了，你就会认同这样的身份，你会和你的父母一样，很辛苦地赚钱，但总是富裕不起来。

4. 价值观——究竟什么是重要的?

有一个学员，她说她曾经非常渴望成为一个舞蹈家，后来她的妈妈经常跟她说：“跳舞不切实际，挣不了钱，玩玩就行了。”

她在追逐梦想的过程中，这句话就像魔咒一样紧紧跟随，后来她没有再坚持，而是选择了做会计，因为会计相对于舞蹈来说，更适合谋生，而这也变成了她一生最大的遗憾，也让她后来在从事的工作上面没有太大的建树。

父母的眼界、信念、价值观、对自己和孩子的身份认同，都很容易传给孩子，从而改变孩子的人生轨迹，让孩子对原先在乎的、认为重要的事情变得不在乎、不重要。可能一个孩子的最大天赋就这样被父母所谓的认知抹杀了。

孩子是与父母完全不同的生命个体，父母应该给予孩子最大的自由，让他们发展与生俱来的天赋，同时为孩子提供更广阔的舞台，让他们见多识广，帮助他们找到人生最大的价值。最重要的是，父母要觉察自己身上所携带着的制约，并加以解除，真正做到助力孩子，而不是阻碍孩子。

作业

结合以上四个制约要素，总结自己身上携带的制约，同时观察一下，你是否也把这些制约传到孩子的身上了？

第三节　如何培养孩子的自主感

一、身为父母要学会耐心等待

例一

一个孩子，出生在钢琴世家，爸爸、妈妈、爷爷都是钢琴家，从小耳濡目染，孩子内心对钢琴有着很大的兴趣。孩子三岁的时候，向爸爸提出想要学钢琴，爸爸这时并没有答应，他只是对孩子说："你现在还小，等长大一点吧。"

但爸爸经常在孩子面前练琴，经常带孩子去参加各种钢琴音乐会，见很多钢琴家。孩子到四岁时，又一次忍不住跟爸爸提出学钢琴的想法，爸爸说："现在还不是很适合，再过一段时间吧。"然后，爸爸继续带着孩子去参加各种钢琴音乐会，直到孩子五岁时，孩子再也按捺不住了，强烈要求学钢琴，这时候爸爸答应了。

因为这个孩子对钢琴有着超强的自主感，所以学习钢琴的动力很强，经过几年时间的努力练习，很自然地，孩子成了一位出众的小小钢琴家。

这位爸爸非常有智慧，他通过引导，让孩子产生了对钢琴的兴趣，孩子产生兴趣后主动提出学钢琴，非常有自主感。与之相反，很多父母都是逼着孩子甚至求着孩子去学习的。

做父母的要学会顺势而为，要耐心地等待孩子的自发性出现。就如同白天过了就是黑夜，膀胱满了就会想如厕，胃排空了就想吃饭，这些都是顺势，即自主发生的情况。但一般情况下，我们没有耐心去等待自主感的发生，在孩子不饿、不急、不困的情况下，父母求着他吃饭、上厕所、睡觉，为什么？因为着急，没有耐心。

父母学会等待很重要。你要让孩子感觉是自己在做决定，做这件事情是为自己去做的，而不是为了其他任何人。

如果是你叫他睡觉，叫他吃饭，这是用脑，是指令，孩子会听，但他没有自主感，因为这不是他自己在做决定，这是他主感，他听妈妈的话睡觉、吃饭，这些事情变成父母的事情，而不是他自己的事情。

父母要懂得顺势而为，即充分耐心地等待，等待自主发生。

看看以下这些例子，是不是有点熟悉？这些都是没有耐性的大人在不经意间破坏孩子自主感的瞬间：

吃饭的时候，当孩子拿起筷子，准备吃饭，这时妈妈说："吃饭啦，快吃。"

孩子玩完玩具，正打算把玩具收起来，这时奶奶说："快把玩具收拾好。"

孩子只是用手提了一下裤子，奶奶马上问："你是不是要小便？"

从外面玩耍回来，孩子正准备换鞋子，这时妈妈说："宝宝快换鞋。"

……

明明孩子已经准备要做了，为什么不能让孩子自主决定去完成这些事情？为什么父母还要在旁边催促提醒？这不仅多余，还严重破坏孩子的自主感，让孩子感觉不到是自己在做决定。

顺势而为的原则，就是要让孩子觉得是他自己在做决定

譬如，孩子想看电视，你规定只能看半个小时，差不多半个小时了，这时你提醒孩子："宝宝，看电视的时间到了，你是想妈妈帮你关，还是你自己关？"其实最终的结果都是关电视，但是这样的沟通会让孩子的自主感爆棚。

例二

电影《一代宗师》里面有一个情节，女主角宫二的父亲宫羽田举行退隐仪式，参与仪式的人很多，仪式即将开始时，现场的人还在闲聊，这时候，宫羽田并没有开口叫大家不要吵，而是用手指轻轻地碰了一下耳朵，表现出一种觉得很吵闹的感觉，然后，现场慢

慢地就安静下来了。他并没有破坏现场嘉宾的自主感。

例三

如果你是老板，某个员工经常迟到，你把他叫进办公室里批评一顿，他可能就不敢迟到了，但是，这个很明显就是他主感。另外一个处理方法是，你什么都不说，而是第二天在上班时间，静静地站在前台假装看文件，这个员工看到了这一幕，第二天肯定就不敢迟到了。这个时候他感觉是自己做的决定，非常有自主感。

你不需要讲太多，便能达到自己想要的效果，而且对方会自己做出你想要的结果，这都是顺势而为。

为什么要让对方感觉是自己在做决定？

如果一个人命令另一个人做某件事情，这会令人反感，因为没有人愿意被指挥，人们会本能地抗拒。

孩子小的时候，父母把自己头脑的意志强加给孩子，孩子没有抵抗能力，他只能选择听话照做，当孩子慢慢地长大，他的反抗力量出来了，就会开始叛逆。

父母要懂得用潜意识的方式跟他沟通，譬如父母通过自身的行为去影响孩子，构建良好的环境来熏陶孩子，通过潜移默化的方式，让孩子感觉是自己在做决定，这样的方式不仅不会令人反感，也不会破坏自主感。俗话说“暗事易做，明事难成”，讲的就是这个道理。

普通的父母目前都是言传太多，身教、环境构建、事实教育都太少，几乎超90%的教育方式都是通过语言。

其实，对比起身教、环境构建和事实教育，言传是力量最弱的。少一点言传，多一点身教、环境构建和事实教育，对培养孩子的自主感大有裨益。

如果你经常跟员工说你要这样做、要那样做，员工会按照你的要求做，但并不会做得很出色，因为一个有自主意识的人，他有自己的想法，他不是奴才，一个人需要被尊重的感觉，有自主感引领的行为才更有威力。

如果你希望别人不迟到，那么你每天都强调，或者用一些强硬的管理制度让员工不迟到，员工会迫于压力而不迟到，但是这并不是员工的自主感，他只是为了不被处罚而这样做。

所以，你要多利用身教、环境构建和事实教育的威力，在潜移默化间让对方朝你想要引导的方向走。

譬如，你希望孩子喜欢读书，首先你自己要先爱读书，再在家里到处都放满书，营造一个书香家庭的氛围，孩子受环境的影响，也会跟着喜欢读书。

每个父母都希望孩子长大后有自主感、能为自己负责，但父母要考察自己的教育方式，你是否向着培养孩子自主感的方向出发？如果你的方法和期待产生了差距，是谁的错？父母都希望孩子长大后能拥有独立自主的人生，但如果你的教育方法是破坏孩子的自主感的，那么孩子是很难按照你期待的方向走的。

作业

在孩子的日常生活中，你有做到顺势而为、耐心等待吗？还是无意中在破坏孩子的自主感？回想一下，记录下来并加以改正。

二、用心说“是”，用脑说“不”

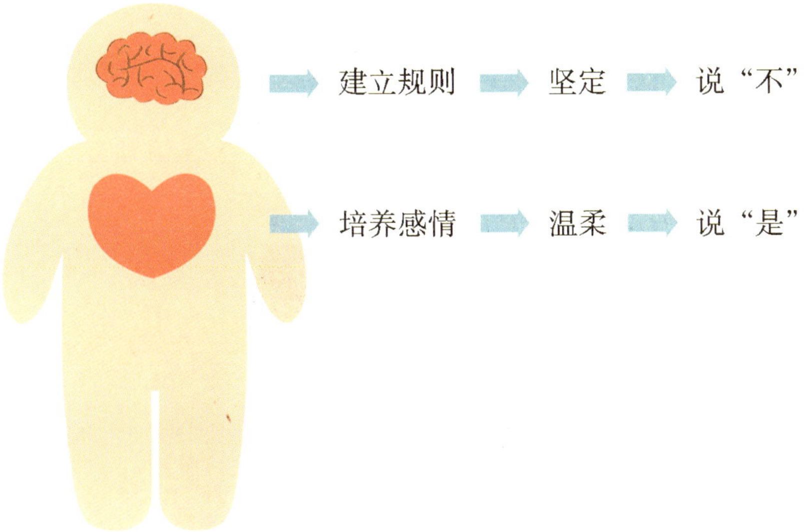

父母天生爱孩子，然而很多父母都不明白，为什么这么爱孩子，可是孩子还是不听话。

一个人听话是出于什么？是感情，孩子听不听你的话，在于他跟你的感情深不深。很多父母只是用脑去讲规则，很少用心去建立感情，而规则恰恰是在用心建立感情后才能建成的。俗话说“先礼后兵”，如果不讲“礼”，一直在用“兵”，则很难让人服气。如果你没有让孩子笃定地感受到你的爱和关注，则很难让孩子听你的话。

叛逆期的孩子为什么更容易听朋友、同学或老师的话呢？为什么就是要跟父母对着干呢？很简单，因为他跟朋友、同学、老师的感情深，而跟父母之间的感情账户几乎是亏空的。

因此父母要懂得用心说“是”，用脑说“不”，用心和孩子培养感情，同时用脑跟孩子讲规则，也就是人们常说的“温柔而坚定”，心要温柔，脑要坚定。

当你与孩子培养了深厚的感情，建立规则就是自然而然的事情了。

三、作为父母要学会引导

有些家长会问，难道孩子所有的自主感都是对的吗？孩子的自主感都应该尊重吗？当然不是。

孩子看电视、打游戏、吃零食，这些也是自主感，如果都顺着他，就变成放任了。

如果不受约束，孩子会像洪水一样，自由，但没有方向，想干什么就干什么。有些父母误以为给孩子爱与自由，就是不可以打骂孩子，不可以管束他，担心孩子长大了会有心理阴影。其实，不严加管束的孩子是成不了气候的。

譬如，孩子很喜欢看手机，如果你给他“自由”，其实是在放任他，他终有一天是要为这个“自由”付出“代价”的。父母要做的是帮助他提高自律能力，正所谓“耐得住寂寞才能守得住繁华”。父母要引导孩子“延迟满足”，让孩子的头脑理性力量释放出来，这样才能让孩子越来越成熟。

所以，如果孩子是自由的洪水，父母就要做堤坝，既不破坏，又能引导，没有破坏水的自发性，但堤坝知道大海在哪里。孩子没有是非观念，做父母的要帮助孩子掌握好方向。

或者，父母要做一条风筝的线，风筝没线会乱飞，拉得太紧又会飞不高，但如果风筝有一条线牵着，看起来风筝很自由，但有中心，父母就是要握着这条线，该收时收，该放时放，松紧有度。

如果心和脑方向不一致，就会锁结、打架，心和脑打架会消耗一个人大量的能量。这个时候，心脑要调平。懂得帮孩子的心和脑调平的父母，便能做好堤坝和风筝线的角色。

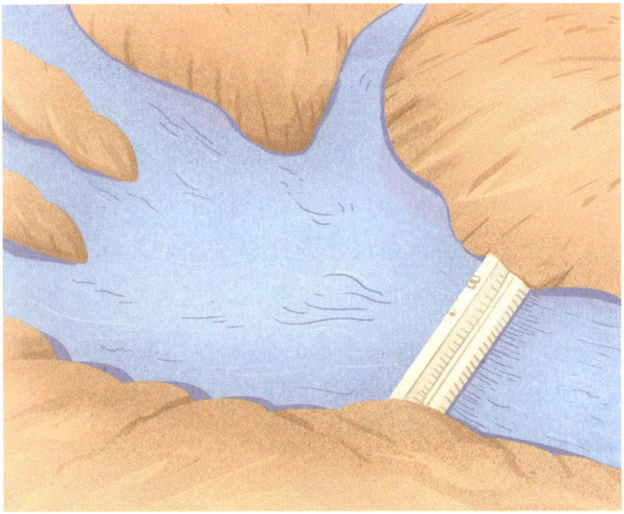

那么，要怎么调平？

其一，找到事情的意义，并让心跟脑达成一致目标。

其二，心甘情愿，即让对方觉得是他自己在决定。

下面举一些例子，很多的日常情景，都会让孩子心脑打架、没有自主感，这时要懂得及时调平。

例一

你的孩子在洗澡，还没有洗完，你急着去参加宴会，但孩子在玩水，不愿起来，一般追求高效的父母会怎样？着急、催促，或者立刻把孩子拉出来，这些都是破坏孩子自主感的行为。

孩子玩水，是因为他觉得水好玩，那你如何让他参加喜宴？这时候父母要调平，帮助孩子找到参加喜宴的意义。你可以早早帮他准备好漂亮的衣服，告诉他今晚的喜宴非常好玩，有好多东西吃，有好看的新娘，还有很多小伙伴会一起参加，激发孩子的兴趣，让他对喜宴有着期待。当孩子感觉到好奇并期待，他便会自动地渴望去参加喜宴。

例二

你的孩子不喜欢读书，虽然他头脑层面知道应该要多读书，但对读书就是提不起兴趣，怎么办？有这样一个故事，儿子不喜欢读书，成绩不好，甚至想辍学。而父母的做法是告诉孩子：“如果你肯去卖西瓜的姨妈那里帮忙，就帮你请一个月的假，让你去玩。”孩子非常厌倦上学，所以他很乐意地答应了结果他卖了一个月的西瓜，晒得又黑又瘦，每天都劳累不已。姨妈跟他说：“卖西瓜这件事情我做了一辈子，但我没办法，你父母比我幸福，因为我是文盲，我没有文化，我只能干这个。”孩子听了这番话，同时体验到了不学习、出来工作的艰辛，过完一个月，就自动回学校上课了，而且读书比之前认真努力了很多。

还有一个让孩子爱上学习的方法，就是让孩子做你的老师。大人有时就是在孩子面前太聪明，一个聪明的家长，很难收获一个对学习有自主感的孩子。你可以偶尔装傻，当你辅导孩子的时候，你可以假装被某道题难住了，让孩子自己寻求解答，也可以让孩子去问问老师，再回来教你。当孩子用他仅有的一点知识帮你解决掉你的“难题”时，他的自主感会爆棚。

当找到意义，且发自内心自主地去做，那么自主感的力量会远远超越阻碍的力量。在生活的方方面面，当你感觉到心脑锁结时，你都可以运用调平的技巧解除。

自主感对一个人的一生非常重要，拥有自主感的孩子，自己对生活和行动拥有话语权，不仅能够依据自己的内心做出选择，也有能力为自己的选择负责。孩子能够意识到，自己才是生活的主人。

作业

什么时候你的心和脑会打架，让你的能量变得很低落？尝试一下利用调平技巧化解。

第四节　如何保护孩子的自主感

遵循基本法则：良好的思维程序不要意识化。孩子已经形成自主感的行为就让它自动运行，不要加以破坏，就好比你种下一颗种子，隔三岔五地挖出来看有没有发芽，就会破坏这颗种子原本就会生根发芽的自主性，让这颗种子“见光死”。

到底要不要表扬孩子？

如果孩子已经形成了好的思维程序，你就不需要再提醒他了。

但很多家长问，不是说要多鼓励孩子吗？那到底要不要表扬孩子？

这需要父母明确区分不同情况，譬如，孩子很喜欢舞动身体，自发性地爱跳舞，跳舞对他来说是一种兴趣，一种享受，当孩子沉浸在自己的舞蹈当中时，父母突然在旁边一边鼓掌一边赞扬：“宝宝，你跳得可真好啊！”这完全是多余的破坏自主感的行为。

红花、表扬、鼓励什么时候用？要用在该用的地方，即在思维程序未形成之前。譬如你希望孩子喜欢跳舞，但孩子对跳舞的兴趣还没到自动自发的程度，当孩子跳了一次舞，你可以给予一定的鼓励。当孩子已经非常喜欢跳舞了，鼓励可以逐渐减少，直到完全不鼓励，因为思维程序已经种进去了，即便你不再鼓励，她也会照做。

父母要时刻记住，不要让孩子为了表扬、为了得到奖励而去做任何事情，而是应该培养孩子的自发性。

当孩子对某件事产生了兴趣，但并未形成思维程序，父母给予的关注可以激发他坚持的动力。

前文中提到的“古堡扔石头”的故事，就是一个自主感被破坏的例子。小孩子扔石头源于好玩，源于自发性，从未要求回报。但是一旦用金钱来奖赏他们，就开始变味了，小孩子就会“为了钱”而扔石头，至此，他们的自主感就归零了。

表扬要适时适度，该表扬时才表扬，不要把表扬变成一个口号，“宝宝你很棒”这句话，父母总是会脱口而出，其实这些表扬的语言都是多余的。

父母要让孩子明白，他的坚持不需依赖于外界的关注和鼓励，而是要出于内在的自主感。

作业

平时你会对孩子滥用表扬吗？总结一下，孩子有哪些好的行为已经形成了思维程序？在孩子的思维程序形成后，记住不要过多地表扬了。

第五节 小结&育儿知识问答

孩子都会经历青春期的叛逆，而这个叛逆就是针对父母的，孩子只在父母面前叛逆。

6岁前如果父母懂得尊重孩子，让孩子有足够的自主感，孩子以后基本就不会有叛逆期，因为根本找不到叛逆的对象。

父母总在说希望有一天孩子能够独立自主，但是很多时候，我们又往往“保护”着孩子到远离自我的地步。

很多时候，孩子真的是不知不觉就入了坑。父母满心关怀，却不确定如何使劲才是对的。

父母的智慧非常重要，要懂得抓大放小。如果你对孩子凡事包办，你会是非常“劳苦”的父母，但绝不是“功高”的父母，因为你“劳苦”的方向有误，所以做得越多，错得越多，孩子会因为你的“凡事包办”而变得没有独立自主的能力，失去自主感，长大后很容易变成巨婴。

不做自大的父母、不放任、不包办、不追求高效，给孩子提供更多的机会，让孩子可以去做自己想做的事情，犯可能会犯的错误，最后找到自己的责任和位置，这样孩子才能更容易搞清楚自己到底想成为一个怎么样的人，做哪些事情能让自己充满热情。

我们应该给孩子勇气和力量，鼓励孩子做自己。

育儿知识问答

学员一：我的孩子很喜欢听我讲绘本，但他要一次性读七八本书，我已经读到口干了，他还很有兴趣，一定要我继续读，我感觉自己已经在敷衍的状态了，这时候怎么办？

答：你只有两种选择，要么读，要么不读。孩子自己是没有多与少的概念的，如果可以，他会希望你能够读一百本，所以这是大人要帮他管理的，大人要帮孩子调平。如果你的孩子希望你继续读，但你的决定是不读，孩子的要求得不到回应，孩子会难受。你要帮他找到不读的意义。首先，你读最后一本的时候，可以读得无趣一点，然后再和孩子沟通：妈妈想读到这里就不读了，我们早一点睡觉，明天还要去哪里玩，我们明天还有什么什么事情要做。和孩子充分沟通，征求他的意见，让孩子心甘情愿地选择不继续读。

学员二：我女儿起床一直都很拖拉，我们夫妻、奶奶、阿姨轮番催她都没用，情况反而更糟糕，现在我知道这是没有自主感的表现，我该如何处理？

答：观察孩子一般拖多长时间，如果你每天早上的时间捏得很准，你自己会很着急，下次把起床时间调前，预留足够的时间给她拖拉，你们都不用紧张，这是方法一，提早，你也不用着急，也不会破坏她的自主感。

方法二，不用叫她早起，你也不用叫她起床，你先跟老师打招呼，跟老师说接下来十天可能都会迟到，因为某些原因，会每天推迟半个小时，但是不要跟孩子说，你还是像往常一样，让她拖到迟到，可能也没有早餐吃，可能会被老师批评，让她自己去承担迟到的责任，这就是事实教育。

在孩子的意识里，去幼儿园不是她的自主选择，所以她会拖拉。我们同样可以用调平的方法，帮助孩子在幼儿园里找到意义，幼儿园里有很多小朋友、很多东西玩……只要找到去幼儿园的意义，孩子会愿意去的。

第五章 真实感

第一节 什么是真实感

每个孩子出生都有一颗赤子之心，不受污染，看什么是什么，看一万次花就有一万次不同的感受，他没有任何是非之心。随着孩子慢慢长大，这颗赤子之心开始有了一些不同的底色覆盖在外围。

我们先来看一下ABC理论。A是指自己，B是指心理滤镜（即思维程序），C是外在的人、事、物。因为每个人都有不同的B，即不同的滤镜，我们对事情的不同看法造就了不同的人生，成就了不同的结果。譬如房间里有一枝百合花，在我们的眼里它是一枝百合花，在孩子的眼里它可能是一个玩具，在一只小狗的眼里则可能是食物。

每个孩子出生时还没有B，所以A与C之间是真实互动的，我们把这种状态称为“天真”，也就是与生俱来的真实感！

第二节　还孩子真实感的外在世界

孩子有着与生俱来的真实感，当他们慢慢长大以后，他们的B（心理滤镜）的部分就逐步形成。B（心理滤镜）都是后天形成的。

一、虚假的世界 VS 真实的世界

前段时间有一则新闻，某小区8楼有一个小男孩爬出窗外，顺着空调主机的防护格爬到了7楼，身上没有任何保护措施，非常危险，后来在父亲及民警的帮助下才被解救下来。原来这个小男孩看了一部蜘蛛侠的电影，然后模仿蜘蛛侠徒手爬窗的行为。

另一则新闻报道，一个6岁的小男孩非常喜欢超人奥特曼，他的爸爸买了一件超人的披风给他，有一天这个小男孩穿上了这件披风，从自家6楼阳台飞下去，结果严重摔伤。原来，他深信穿了披风就能够像超人一样飞起来。

类似的新闻层出不穷。

现在的孩子，尤其是城市的孩子，接近真实的环境和玩具越来越少，他们的身边充斥着电子产品、电视动画、塑料玩具。

譬如妈妈拿起一本绘本，指着里面苹果的图，然后告诉宝宝："这个是苹果。"宝宝就在脑海里形成了一个苹果的概念。

又譬如，妈妈拿起一只布老虎，然后告诉宝宝："这是一只老虎。"宝宝就在脑海里形成了一只老虎的概念。

但是，真正的苹果和老虎就是绘本上的样子吗？这些只是抽象的概念，很多孩子没有见过真正的老虎，没有见过牛，也没有见过稻谷，他们离真实的世界越来越远。

二、回归大自然

从环境来说，大自然是最真实的，没有一点人为，你不会看到一只蜻蜓穿着衣服出来见你，也不会看到一条蛇开着车出来跟你约会，它们完全是天然的。我形容大自然为一手的，没经过任何

加工。

譬如木头，是吸收天地灵气的，是大自然第一手的物品。如果把木头加工成家具，这个家具就变成了二手的。

庄子说大自然是“大宗师”。很多伟大的发明都来自大自然的馈赠，如直升机的原型是蜻蜓，雷达的灵感源于蝙蝠，DNA的灵感来自缠绕在一起的两条蛇……很多创造者的灵感都来源于大自然。

当孩子在大自然中玩耍，木头、泥土、沙石、水，都是最好的玩具，而且孩子在玩的过程中是在向大自然学习。

真正的教育不单只教你数学、历史、地理、科学，也要教你真正的、真实的一切，也就是对真实感的追求。

拥有真实感的人有感觉美好事物的敏锐度，在玫瑰或莲花，在日出或日落，在群星间，在清晨拂晓的鸟叫声中，或是在露珠上，在一只展翅翱翔的鸟儿身上……这些都能让人感受到真实的美。

真正的教育必须把你愈来愈带向自然，因为你唯有愈来愈靠近自然，才会愈来愈靠近真实。

作业

假期记得带孩子去接触大自然，让孩子感受第一手的自然能量，在大自然中学习，并把这个美好的经历记录下来。

第三节　还孩子真实感的内在世界

孩子有着与生俱来的真实感，当他们慢慢长大以后，他们的B（心理滤镜）的部分就慢慢地形成了。A透过B（心理滤镜）来解读外在的C（人事、物）。

一、透过思维程序看世界

例子

从前，“胖高矮老”四个盲人很想知道大象是什么样子，可他们看不见，只好用手摸。胖盲人先摸到了大象的牙齿，他就说：“我知道了，大象就像一个又大、又粗、又光滑的大萝卜。”高个子盲人摸到的是大象的耳朵。“不对，不对，大象明明是一把大蒲扇嘛！”他大叫起来。“你们净瞎说，大象只是根大柱子。”原来矮个子盲人摸到了大象的腿。而那位年老的盲人呢，却嘟囔：

“唉，大象哪有那么大，它只不过是一根草绳。”原来他摸到的是大象的尾巴。四个盲人争吵不休，都说自己摸到的才是大象真正的样子。而实际上呢？他们一个也没说对。后以“盲人摸象”比喻看问题以偏概全。

“盲人摸象”的寓意是不能只看到事物的一部分，而应看全局，这样才能全面和真实地了解事物的情况。

父母有意识或者无意识地帮自己的孩子植入了后天思维程序，孩子就会透过这个后天思维程序解读外在世界的人、事、物。但是很多时候，我们不会反思这些后天的思维程序是否正确。很多人会固执地认为自己的那一套是对的，别人是错的。

二、思维程序要与时俱进

要培养孩子的真实感，就要避免犯盲人摸象的错误。要教育孩子多角度思考以及换位思考，既了解自己的思维程序，也要尊重别人的思维程序。当发现自己的思维程序已经不符合时代要求，就要学会解除老旧的思维程序，重新植入新的思维程序。也就是说，思维程序要不断更新，与时俱进。

作业

你有什么心理滤镜？你如何看待你身边的人和事？尝试一下，放下滤镜，用更大的画面去解读身边的人、事、物。

第四节 还孩子真实感的父母

作为父母首先要明白，没有人是完美的，我们做不了完美的父母，但是我们可以做具有真实感的父母。

一、百术不如一诚

例

《庄子·德充符》里有一个故事：

有一天，鲁哀公问孔子“卫有恶人焉，曰哀骀它”，即卫国有个人，名字叫做哀骀它，这个人长得极度难看。

鲁哀公说，这个人没有权力也没有钱，长得又难看极了，但奇怪的是，人们一见到他，就舍不得离开他，我想这个人啊，一定有特别的地方。

鲁哀公想办法把哀骀它请来了，见了面，果然丑陋得不得了！可是呢，他才住了一个月，鲁哀公就觉得他非常可爱，对他着迷极了。

鲁哀公问孔子这是个什么人，孔子说："我曾经到过楚国，看到小猪吃老母猪的奶。当时这个老母猪已经死了，这些小猪不知道老母猪已经死去，仍来吃奶。小猪吃着吃着，看到这个老母猪与平常不同，小猪一下子统统都跑掉了。小猪为什么跑掉？因为看到妈妈的样子变了，觉得不对劲，就统统跑了。小猪爱自己的父母，并不是爱父母的形骸，所爱的是什么？'爱使其形者也'，他们爱的是形体后面的那个东西。所以所爱的，不是外形，而是外形里头的那个精神。"

例二

一个成功企业家在专访中说："我这人，第一，不喜欢应酬，第二，讲话直，假的话一定不讲，我认为做人有一个宗旨，你会快乐得多，我跟你讲这个话，等一下别人问同样的问题，一样的答案，脑筋就简单多了，负担就少了。"内心没什么秘密，就不需要见不同的人讲不同的话，真实的力量就会出来。

人并不完美，有时也会做错事。如果一个人在你面前是完美的，你会相信吗？完美不吸引人，真实才吸引人。我们不需要做凡事完美的人，只需要真实呈现。

真实很重要。通常人们在最好的朋友和普通朋友面前的表现是有区别的，对于要好的朋友，你们会真实，无话不说，大家会分享彼此，可以卸下面具，可以讲很真实的话。真实一点、透明一点，是提高亲密关系最好的方法。

二、做真实的父母

每个人一出生，都带着生命最初的美好品质，比如天真、好奇、活力，等等。大人要懂得保护孩子这些与生俱来的美好品质。

譬如好奇心，孩子总会向你提出很多千奇百怪的问题，你会怎么对待孩子的问题？是认真回答，还是忽悠他？如果你忽悠他，就是直接打击他的好奇心，孩子也感受不到真实。做真实的父母，真实地面对孩子提出的所有问题，才能保持孩子的真实感。

做真实的父母还有一个要特别注意的地方，就是父母的情绪。每个人都有情绪，父母当然也有情绪低落的时候。有些人认为有情绪的时候，回到家对着孩子也不要表露出来，怕对孩子有影响。但是，你以为自己不表露出来，孩子就不知道吗？其实小孩的内心是很敏感的，他们通常能觉察到父母的心情变化。

如果你心情不好，又伪装自己，在孩子面前强颜欢笑，孩子就会学到这种虚伪。

父母有情绪时要保持觉知。如果你感觉到自己的情绪到可能会对孩子造成破坏性影响，那么可以选择暂时和孩子保持一定距离。如果你的情绪是可控的，你可以真实地告诉孩子，爸爸妈妈现在有什么样的情绪，你会用什么方法来调节情绪。这样孩子就会学到你身上的真实感，学到如何做一个真诚的人，如何做一个能自己调节情绪的人。

作业

你是真实的父母吗？你的孩子成长的环境真实吗？当你有情绪的时候，在孩子面前你是如何处理的？总结一下并加以改进。

第六章　愉悦感

儿童思维程序学既要培养孩子心的部分，也要培养孩子脑的部分，这是一个循序渐进的过程。

刚出生的孩子是有心无脑的，因为他不会判断是非好坏，而是用心去体验世界的。所以小孩如小动物，因为只有心还没有脑，只有感性还没有理性。理性是需要慢慢发展的，父母要尊重孩子的发展规律，不要在他小时候灌输太多的理性知识，也不要在孩子小时候讲一大堆的大道理。

我们都听过拔苗助长的故事，如果我们在孩子大脑还没有发展起来的时候就强迫他学习很多不属于他这个年龄段应该学习的东西，或者教会他很多大人世界的规则，孩子就会过早成熟。

古代有仲永，现代有魏永康。古往今来，很多神童成年以后都不太幸福，也无法获得重大成就，就是因为没有尊重心脑发展的规律。

孩子应该有孩子的样子，童年很短，父母应该允许他按照自己的节奏成长。我们都知道做事情要循序渐进，不能偷步，不能拔苗助长。如果孩子在童年时期没机会做小孩，而是早早地做了一个“成熟的小大人”，那通常他长大以后在某些人面前反而变得像个孩子一样，可能会无意识地要求伴侣像照顾孩子一样照顾自己。

所以0~6岁的孩子就像小动物一样，有心无脑是很正常的，做一个“小佛系”也是可以的，这是成长的必经阶段。如果我们在孩子0~6岁期间，把他感性的心的部分发展得很好，我们只要在他的成长过程中，尤其是小学、初中、高中以后，慢慢地训练他理性的头脑的部分，他就会慢慢地发展成一个有心有脑的完整的人。

第一节　什么是愉悦感

孩子天生愉悦，愉悦是一种强大的自动自发的能量，愉悦不是简单的快乐，愉悦和快乐两者是有很大区别的。

愉悦是深层的、从心而来的：
是一种发生（无条件的，如婴儿的笑）；
无参照物；
没有目标性；
是内在的；
……

快乐是浅层的、从脑出发的：
有条件的（譬如买了新的房子）；
有参照物；
有目标性；
是外在的；
……

当我得到一样东西，这个东西对自己有利，我会很快乐，但这样的快乐是有条件的。现代人很难快乐，因为有太多比较：我买了一辆车，快乐了几天，看到别人的车比自己的好，我的快乐就会减少；我考上大学很快乐，但考上大学后，又想要找一份好的工作；我赚了一百万很快乐，但很快就想再赚一千万。快乐是后天的、外在的力量。

什么才是真正的愉悦？愉悦没有目标性，婴儿躺在床上都会无缘无故地笑，一个三岁的孩子在专注地玩玩具也充满着愉悦。愉悦是先天的、内在的力量。

你握紧拳头，手里什么都没有。
你松开十指，却能拥有整个世界。

——电影《卧虎藏龙》台词

第二节 愉悦感去哪里了

一个孩子的愉悦感消失，源于身份意识形成，从心转移去了头脑。

一个成年人很难像孩子一样感受到愉悦感，这说明你过多地活在头脑里，你头脑里的身份意识让你变得封闭、严肃，这些都让人很难和愉悦感连接。

例子

蜗牛本来是不用背房子的，很轻松自在。下雨后它躲进一间小房子里，这时麻雀来求它："蜗牛，我可以进去你的小房子避雨吗？"蜻蜓也来求它："蜗牛，我可以进你的小房子吗？"蜗牛都说不可以。直到雨停，它怕房子被别人霸占，就背起了房子，到处行走，直到自己被这个房子深深困住，再也无法解脱。

当人被身份意识困住，就像蜗牛背着房子，这个房子就是身份意识。一个人建立身份意识很重要，但如果你永远活在身份意识里面，就会很痛苦。你要学会偶尔走出来，放下一些负担，感觉一下愉悦。

宠辱若惊，贵大患若身。何谓宠辱若惊？宠为上，辱为下；得之若惊，失之若惊，是谓宠辱若惊。何谓贵大患若身？吾所以有大患者，为吾有身；及吾无身，吾有何患？

——《道德经》第十三章

这是《道德经》里老子说的一段话，意思是世人得失名利的心太重，得到荣宠和受到屈辱都担惊受怕，把荣辱看得与自身生命一样珍贵。我们之所以有大的祸患，那是因为我们常想到“自己”的关系。假设我们忘掉“自己”，那么还有什么祸患呢？

“为吾有身，及吾无身”，这个“身”可以理解为身份意识，当你过多顾及身份、面子，你就会患得患失。如果你放下身份意识，你就不会计较那么多，也不会再患得患失。

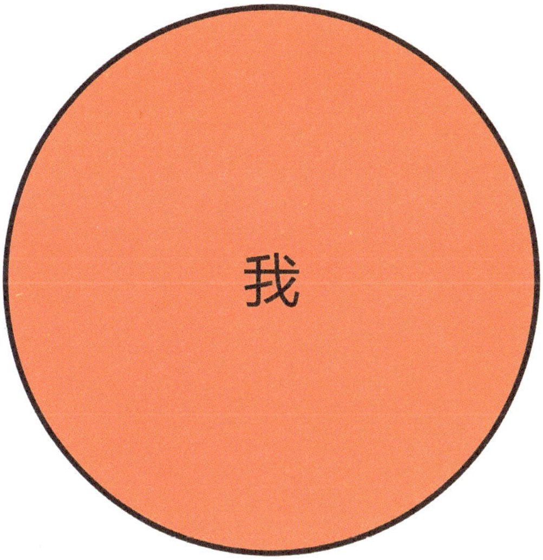

一般人很难从脑回到心，因为头脑会不断地制造问题。如果只停留在头脑的层面，人们就会离愉悦感越来越远。

第三节　如何回归愉悦感

愉悦感的回归，其实就是心的回归。

从心到脑就是建立身份意识的过程，从脑到心就是放下身份意识的过程。

孩子的成长，刚开始是建立身份意识的过程，他要慢慢地建立对身份意识的认知：我是谁，我住在哪里，我有什么兴趣爱好，我和你有什么不同，我和你之间的界限在哪里……在社会上，建立这样一个身份意识很重要，身份意识可以让你建立起和别人的连接，更好地跟别人互动、交往。

每个人在社会上都承担着不同的身份，在家庭里，你是父母、伴侣、儿女；在学校里，你是学生；在职场上，你是员工、老板，等等。人们在不同的环境里面饰演不同的角色，就像切换脸谱，在不同的场合戴上不同的脸谱。

那我们该如何转换脸谱？哪个才是真实的你？

人们通常会有身份切换故障，当你戴上某个脸谱后，如果不懂得及时切换，很多关系都会因此出现问题。

例一

一对情侣，当他们恋爱的时候，非常甜蜜和谐，彼此的身份都很单一，就是男朋友和女朋友。当他们结婚后，彼此的身份也很单一，就是丈夫和妻子。一年后他们有了一个孩子，他们就不再是单纯的两人关系了，变成有了双重身份：丈夫和爸爸、妻子和妈妈。通常有了孩子后的前几年，是夫妻关系可能出现恶化的时期。为什么呢？因为一个女人初为人母，通常会把全部的身心几乎都投入照顾孩子上，所以往往会在戴上妈妈的脸谱后无法切换。身边的男人可能会慢慢地感觉到被冷落，甚至觉得自己在这个家庭里面有点多余。还有的是，女人可能会用妈妈的脸谱面对孩子，然后用同一张脸谱面对丈夫，她会像唠叨孩子一样唠叨丈夫，会变得什么都爱管，然后男人会感觉自己少了一位妻子，多了一位“妈妈”。慢慢地，两夫妻的关系渐行渐远，从分被子睡到分床睡，到分房睡，到最后可能完全分开。所以女性一定要做好角色切换，有了孩子以后，你可能会有大部分的时间做妈妈，但请记得，每天抽出一点时间做回太太。

例二

还有一个身份切换的难题，当孩子上了小学，妈妈不仅是妈妈，有时还要做老师，要辅导功课。如果是老师辅导学生，身份很清晰，因为老师可以严厉。但如果妈妈过于严厉，孩子就会容易受伤，进而影响亲子关系。当妈妈的身份叠加老师的身份，在辅导功课时就会出现很多冲突，闹得很不愉快。所以，如果有条件，最好请家教老师辅导功课，或者让孩子在专门辅导功课的机构完成作业后再回家。

例三

在公司里面，领导指派下属工作很正常，但如果你的领导同时又是你的老公，就会有两重身份在里面纠缠。

例四

一个法官，在工作的时候，他非常严谨、大公无私。当他回到家，如果他还是顶着法官的身份，而不是及时转换成丈夫、父亲，这样的人，婚姻、亲子关系都会很僵硬。

这些都是身份切换故障。很多人被某个身份套住，一个脸谱会固着在身上。

做一个有愉悦感的人，就是要知道你有着许多不同的脸谱，同时要懂得随时切换。身份切换，要遵循以下原则：

◇ 可以有不同的身份（脸谱）；

◇ 身份拿得起，放得下；

◇ 身份要能根据环境切换（清楚地知道什么时候你是丈夫太太的身份，什么时候你是爸爸妈妈的身份，什么时候你是上司下属的身份）。

人要懂得在各种身份之间转换，而不是被身份困住。身份意识要拿得起放得下，该用脑的时候用脑，该用心的时候用心。这样的人才真正完整、真正放松，能真正体验到愉悦感。

愉悦感一个很重要的来源就是玩！

很多家长害怕孩子玩物丧志，经常会限制孩子玩耍的时间，但一位非常成功的企业家却提出了一个新的观点，他说："现今社会，如果我们继续用以前的教学方法让自己的孩子进行记、背、算这些东西，不让孩子去体验，去玩，不让他们去尝试琴棋书画。我可以保证，三十年后孩子们找不到工作。因为他们无法与机器、智能竞争。"

现在科技的发展速度很惊人，再过多几年，人工智能的运用会越来越广泛，如果我们还用一些老旧的方法去教育自己的孩子，就相当于在别人都已经开汽车的时候，自己还在踩着脚踏车，以前的人说"学好数理化，走遍天下都不怕"，但如果现在还是让孩子不停地背书、单纯地提高记忆能力，在这个体验式的智能时代，未必适用。

教育方法也要与时俱进。时代不同了，育儿方法也要更新。

知识可以学，但智慧不能学，只能体验。未来，大数据、机器将把人类知识领域的大部分事情做完，人类和机器的竞争关键在于智慧、在于体验 。所以，让孩子玩很重要！

玩耍就是孩子的工作。所有孩子天生都是酷爱"工作"的人。

这份“工作”除了可以带给他们无穷的乐趣之外，还可以帮助他们培养独立性、学会解决问题的技巧，获得自信并发挥创造能力。

前提是，你不剥夺他们“工作”的时间和空间，并且不干涉他们自主选择和进行“工作”的权利。

很多课本上学到的知识都是用不上的，一个人的成功不仅是靠知识，信念、信仰、品质、独立性、创造力这些在未来更为重要，而这些只有在玩耍和生活体验中才能学到。

很多父母都很忙，但是无论多忙也要抽时间陪孩子玩耍，全身心地和孩子玩耍，十分钟、半个小时都可以。玩是愉悦感里一个很重要的来源！

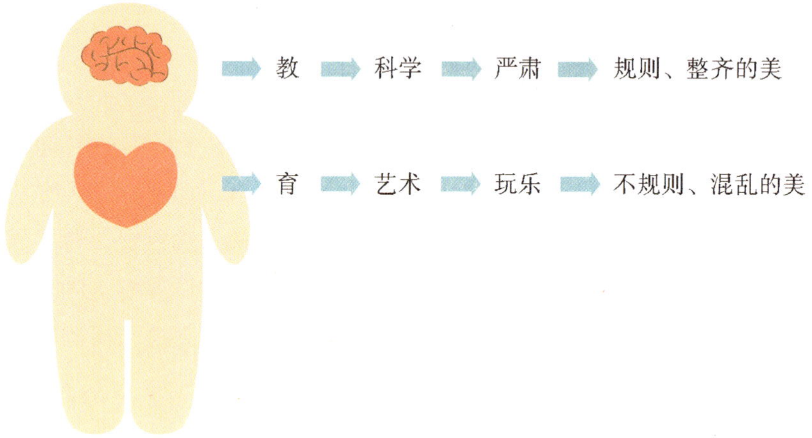

我们通常所说的“教育”，其实也可以这样理解，“教”是脑的部分，是科学、理性的；“育”是心的部分，是艺术、感性的。

如果想做智慧父母，就要懂得“脑和心结合”“教和育结合”“加法和减法结合”。

头脑的部分讲究的是加法，我们要不断地增加孩子的知识量，让他慢慢地变成一个博学多才的人。心的部分讲究的是减法，我们要不断地去帮助孩子放松下来，不断地帮助孩子把心的多余的“尘埃”打扫干净，譬如情绪垃圾、压力负担，等等。

“智”字，上面一个“知”，下面一个“日”，指的是每天多学一些知识，“慧”字，上面一个“彗”，下面一个“心”，指的是每天打扫一下内心的“尘埃”，合在一起就是“智慧”。

只教不育，只发展孩子的脑，不发展孩子的心，只注重加法，不注重减法，孩子的人生会非常严肃，他学习了很多知识，但是他不会玩，欠缺创造力。

只育不教，只发展孩子的心，不发展孩子的脑，只注重减法，不注重加法，则孩子会过于佛系，只会玩，欠缺执行力。

我们不仅要懂得教导孩子知识和执行力，也要懂得培育孩子的艺术性和创造力，教+育，既要有理性、科学的知识，也要有感性、艺术的气质。

完整的教育，就是做智慧父母，培养心脑结合的孩子。

作业

小时候，我们都爱玩过家家的游戏，以扮演不同的角色为乐，现在，你可以选定一个角色，可以是电影里的，也可以是现实生活中的，去演绎另外一个身份。

第七章　满足感

第一节　什么是满足感

- 好不容易爬上了一座山
- 刚刚高考完
- 跑完一场马拉松
- 完成了一个大项目
- 刚结婚、刚买了新房、新车
- 吃了一顿很想吃的饭

……

你们有没有试过，刚找到一份新的工作，而开工的时间还没到，这个空档期你会非常有满足感？

高考前，学生们又忙又累，当高考一结束，成绩还未公布，这时处于前面的工作完成了，后面的工作还没来的阶段，没什么要去想的、要去做的，很满足！

刚开始热恋的时候，一开始是不会想未来的，不会想结婚，当下我和你在这个空间里就够了，不需要加入任何东西，不需要去什么豪华游轮，也不需要喝什么名贵红酒，这些都不重要，没有过去未来，这个当下就足够。

满足感，即有一个点，处于过去已逝、未来未到，只有当下。满足感源于时间的消融。

作业

探索一下，你有无满足感？在什么时候你感受到满足感了？

第二节　为什么满足感会日渐减少

一、满足感的对立面

现在人们感觉到满足的机会其实非常少，我们经常在纠结过去，憧憬着未来，做完了一件事，就有另一件事在等着，就像奔跑的小白鼠，好像总有一个点是你永远都到达不了的。

所以，我们要探讨一下满足感的对立面，即不满足感。

例子

一个孩子正在专心地拼着拼图。

这时候妈妈过来跟他说："宝宝，吃饭时间到了，不要拼了。"

孩子在专心地拼图，没理会妈妈。

妈妈又说："吃饭时间到了，有没有听到？"

孩子继续拼图。

这时妈妈有些急了："你这孩子，没听到我讲话吗，快过来吃饭！"

孩子看看拼图，又看看妈妈，也有些急。

妈妈一看，直接过来把孩子拉起来："还拼什么，过来吃饭！叫了你这么久了！"

孩子看着拼到一半的拼图，闷闷不乐地和妈妈过去吃饭了。

这个场景熟悉吗？这个孩子有没有满足感？很明显没有，拼图是残缺的，行为本身也是残缺的，孩子会留下深深的不满足感。

譬如孩子在研究一朵花，他想看看里面有什么，所以他把花瓣一片片地掰下来看，掰到一半的时候，妈妈突然过来说："好脏，不要弄了。"并把他的行为强行打断，孩子会有满足感吗？

婴儿从开始吃手、开始想自己吃饭、开始想去探索一切，就经常被大人打断，很难体验到满足感。

二、不满足感源于未完成事件

人类天生就有将事情做完、让需求得到满足的倾向，这是人类进化的驱动力。

我们有许许多多身体的、心灵的需求，它们都吸引着我们的注意力，并且排着队等待我们去完全满足。

大多数情况下，如果需求无法得到及时满足，它们就会卡在那里。

想象一下，如果你煮饭煮到一半就被拉走，或者正在吃一个很想吃的点心时被叫走，你会怎么样？一个孩子在拼拼图，拼到一半就被打断，这个孩子会怎么样？

这些都会变成未完成事件，变成一个画了一半的、残缺的圆。人之所以没有满足感，大部分源于未完成事件。

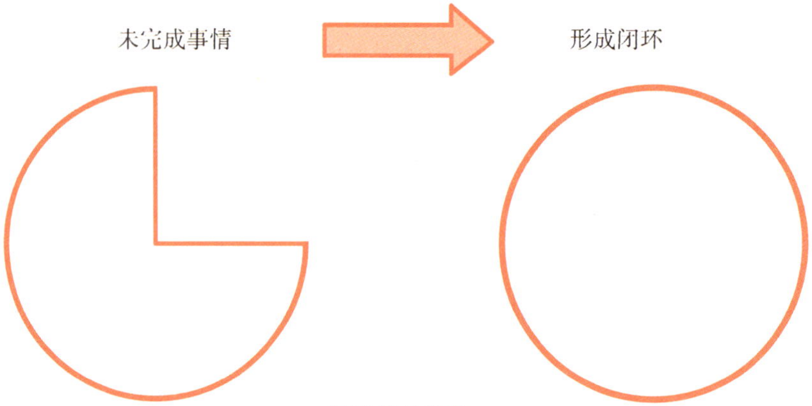

满足感的来源

这些未解决的问题、未满足的需求，称为“未完成事件”。未完成事件贯穿在我们生活的点滴日常中：

希望孩子考上名校；
想减肥瘦身；
无数次地下定决心要收拾家里；
一直想去一个地方旅游；
结婚后很想要个孩子；
大龄剩女一直想结婚；
想做个有钱人；
答应孩子会陪他去动物园；
希望买一套新的房子；
经常和朋友说“下次一起吃顿饭啊”，但一直没完成；
……

这些都是日常中想完成却总是没完成的事情。

例

有一位钢琴家，他特别喜欢睡懒觉，每次妻子做好早餐，叫很多次他都不愿起床。有一天，妻子想了一个办法，她把早餐做好后，就去弹钢琴，弹一首丈夫最喜欢的曲子，但她弹到一半就不弹了。过了一会儿，丈夫从房间跑出来说："为什么不把曲子弹完？"然后就自己坐在钢琴旁边，把曲子弹完了。

例二

一个人睡到半夜总是被楼上的脱鞋声音惊醒，因为楼上一户人家经常晚归，回到家的时候，总是把脱下的鞋子重重地甩在地板上，楼下的人总被鞋子"嘣嘣"的声音惊醒，有一天他终于忍不住跟楼上的人说，请你回家的时候放鞋的声音小一些。这一晚，楼上的主人回家了，一进入家门，他还是习惯性地脱掉一只鞋，再甩在地板上，这时"嘣"的一声让他突然想起楼下的人的叮嘱，于是另外一只鞋子他就轻轻地脱轻轻地放，心想这次应该不会吵到他了吧。过了半个小时有人敲门，他打开门一看，是楼下的人，楼下的人无奈地说："你还是把另外一只鞋子也甩在地板上吧，我一直在等着呢。"

我们有许多想完成但没完成的事情，有些一直在心里缠绕，有些我们以为时间过去就好，而事实是，如果你一直没把这些事情完成，事情就永远不会过去。

作业

写出你的未完成事件。

如果有一个魔法棒，你希望在哪些方面做出改变？

你小时候有什么事情是未被满足的？

第三节　未完成事件

一、欲望和需要

欲望　vs　需要

源于头脑　　源于心

未完成事件分成两类：欲望和需要。

需要能够满足，但欲望不能。

需要是简单的，它们来自自然；欲望是非常复杂的，它们不是来自自然。

需要是此时此刻的，它们是由生命本身造成的。欲望不是此时此刻的，它们总是向着未来，它们是由意念营造的。

什么是欲望？它是头脑意念向未来的运动。它们就像你看见的地平线，看上去就在附近的某处大地与天空相接处。它是那么明显！你可以走到那里去！但你会不停地、永远地走下去，那个距离始终是一样的，总是在前面的某处大地与天空相接处，但你永远到不了那个地方。

1. 来源于心的需要

口渴了喝水，困了想睡觉，肚子饿了想吃饭，这些都是需要，没有过去未来，只在当下。

好奇心也是一种需要，当孩子看到一朵花，他想去摸、去研究，这些都是满足好奇心的需要。

天赋也是一种需要，孩子出生在钢琴世家，他从小有这方面的天赋，弹钢琴是他的一种需要。

需要，是源于生命本身，源于你的心。

2. 来源于脑的欲望

欲望是头脑的，有分析、判断，有过去、未来。

欲望是由头脑意念造成的，你的头脑意念想要，就有了未来。譬如，我想要实现某个目标、我想要变成亿万富翁，这样就有了一个未来，和当下是抽离的。

欲望，是因为你投射在未来的某一个点：如果我能这样就好啦，如果我得到这个我就满足啦……这些想法是真的吗？你们现在的生活是不是已经达到或者超越你很多年前想要达到的那个点？但是你有没有满足感？你会发现你永远不会满足，因为头脑总会投射在未来。

我十八岁时，最大的满足感就是考上最好的大学，当我考到了，去到那个点后，我并没有满足，想着等我毕业后找到一份好的工作就满足了，但当我找到一份好的工作后，我希望自己能拥有更好的房子车子。

这就是欲望，永远都有一个点，眼看着就在眼前，但不管你走多远，都到不了目的地。就像地平线，你越往前走，它越往前推，你永远也到达不了。

你肚子饿了，吃饱了就满足，但欲望无法被满足，你完成了一个未完成事件，很快会出现另外一个。

二、孩子的欲望从何而来

1. 母性心尘——淹没性的爱

什么是母性心尘？譬如一个孩子考试成绩倒数第一，爸爸可能会直接责骂他，这时候妈妈过来温柔地对他说：“孩子，没事，爸爸不应该这样对你，但是妈妈希望你能考得更好一点，如果你考得好一点，妈妈会更爱你的。”这种就是母性心尘，是一种用爱包装的暴力。

孩子没达到你的期待，你过来安慰并说出你的期待，看起来很友善，但同样会给孩子带来很大压力，这种伤害甚至比直接的伤害更大，为什么？因为如果爸爸骂孩子，孩子还可以反抗、可以逃，但如果用妈妈这种方式，这是温柔的暴力，是一种让人难以逃脱的压力，很微妙。

俗话说“近则伤”，父母的期待往往会演变成对孩子淹没性的爱。

母性心尘会让原本身心俱足的孩子变得有压力。

例子

有一个学员分享了关于母性心尘的故事："我读初中时，有一个重点班，当重点班超过一百个名额时，就会把班上成绩不达标的人换到普通班，然后再进行补课。这个重点班里有一个女孩，学习一直很努力，有一天这个女孩突然没来上课，当时有一些同学说她可能有心理问题，因为前一两天这个女孩和别的同学沟通过，她说当她成绩好的时候，父母会对她很好，考得不好的时候，妈妈就会一直说'你下次肯定行的'。那一次成绩出来了，她的成绩遭遇了滑铁卢，跌到一百名以外，她要到调到普通班了。

"那天大家都没找到她，到周一就传来一个消息，说她离家出走了，留下一封信，信里说'父母的期待把我逼到无路可退'。当时我才十几岁，还不太明白，到现在学了这个知识，我感觉母性心尘这种爱的压力对孩子的内心造成的创伤可能比那种命令你必须要考第一的威力更强大。"

是的，孩子天生是有满足感的，他出生的时候不会要求要拥有这个或拥有那个，可能他只是吃了几口饭，或者看到一个可爱的小动物，他就会展露满足的笑容。因为他只有需要，没有欲望。

母性心尘是父母自身的欲望，母性心尘也让原本身心俱足的孩子开始有欲望。

我总是说我们不能做自大的父母，因为我们总以为自己是对的，所以用自己的认知标准要求孩子。然而你活了这么多年，你快乐吗？你满足吗？如果不，你怎么相信你的这一套用在孩子身上，他就会满足快乐？

0~6岁的孩子是吸收性心智，他不会分析、判断，父母说他是什么，他就会全盘接收，都会照做。

父母自己不满足，自然是对自己有很多期待，也对孩子有很多期待，这时候孩子会照顾你的感受，会接过妈妈的期待，以为按照妈妈的话去做妈妈就会开心，真相是孩子即便实现了所有的期待，父母也不会开心，因为欲望是填不满的，你实现了一个点，还有一个点，源源不断，而且最重要的一点是，父母内心的黑洞只有自己能够填补。

很多的母性心尘源于父母的未完成事件，父母的未完成事件会变成孩子最大的负担。

如果你想成为一个音乐家，你要自己去实现这个愿望。如果你实现不了，不要把这个愿望强加在孩子身上。每个孩子都是独一无二的，他有自己的人生，他的天赋可能不是音乐而是数学，但如果你把自己未能实现的事情转嫁给孩子，这纯粹是爱的绑架，孩子变成填补父母内心黑洞的牺牲品。

作业

1. 在笔记本上写出你对孩子的期待；

2. 在你面前放一张毯子代表你的孩子，对着面前的毯子把你的期待念出来；

3. 坐在毯子上去感受一下孩子的感受。

2. 父性心尘

在家庭教育里，父母为了达到目标，经常会软硬兼施，好像萝卜+大棒。如果说母性心尘是萝卜，那么父性心尘就是大棒。

父性心尘，即你给孩子贴的标签、下的定义。我们说要对事不对人，但父性心尘是对人不对事。

譬如，孩子参加了一个歌唱比赛，但没有发挥好，妈妈说："孩子，你这次唱歌没有唱好，是因为感冒了。"这是对事，说客观事实，但爸爸很生气地批评孩子说："你根本就不会唱歌，你就不是唱歌的料。"这就是对人。

对人就是给孩子贴标签和下定义，就是暴力的父性心尘。

孩子面对父性心尘，通常会有两个反应

一个是接纳：孩子会认同，认为自己真的不行，譬如爸爸对孩子说：“孩子，钱是很难赚的，我们家的人都很难变有钱的。”如果孩子认同了爸爸，那么，这个孩子长大了会很难获得财富，因为孩子把爸爸对“我们家很难变有钱”的定义内化成了自己的思维程序。

另一个是反感：父母给了孩子一个标签，孩子不认同，孩子会抗争，但他可能会花上一生的时间去证明父母是错的：你说我没有语言天赋，我去学二十四门语言去证明我行；你说我不会有钱，那我就拼命挣钱。孩子为了证明这一点，会一生都活在试图证明自己、反抗父母当中。

无论是接纳还是反感，父性心尘都会对孩子产生深远的影响。

欲望就像一条地平线，它来自头脑，永远无法被满足。一个0~6岁的孩子，没有过去未来的概念，他只活在当下，而成人有过去和未来，成人总是给自己很多的目标：“如果有一天我变有钱就好了”“如果有一天我拥有这个东西就开心了”……

俗话说“人心不足蛇吞象”，人的欲望是得不到满足的，就像笼子里拼命奔跑的小白鼠，不断跑不断跑，直到累死，也无法到达终点。

小时候吃一颗糖都能有满足感，长大后，即便你买一部车都未必有满足感；小时候牙牙学语就很满足，长大后，即便你学二十门语言你都未必满足；当看到别人比你好，你就会提醒自己要再努力一点，但你会发现自己越努力，要达成的目标就越多，就像地平线，你越想到达，地平线越往前移。欲望是永远不可能被满足的。

第四节　如何让孩子拥有满足感

一、孩子的满足感是什么？

上文讲述了一个人的需要和欲望，需要可以被满足，欲望永远不可能被满足，那么，难道一个人有欲望是错的吗？难道一个孩子就只是满足他的需要就够了吗？

一个人有欲望并没有错！欲望是头脑创建的一个又一个未完成事件，欲望会引领我们不断地追求更多。从某种意义上来说，头脑创造的“不知足”正是我们趋向美好未来的一大动力。

我所反对的是失控的欲望，因为太多的未完成事件会让我们疲于奔命且毫无满足感。

我反对的是父母过多地把自己的欲望强加在孩子身上，让孩子不堪重负。

真正的满足感，既不可能单单源于头脑，也不可能单单源于心。真正的满足感，只有在心和脑之间、在当下和未来之间、在知足和不知足之间来回切换才能获得，就好像一静一动、一阴一阳，缺一不可！

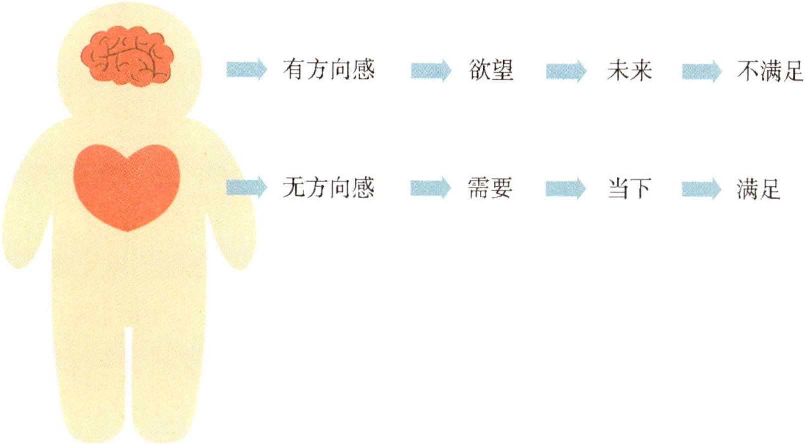

脑有方向感，帮助我们看到更广阔的未来，脑的欲望推动我们向“广度”发展；心是帮助我们活在当下，深入感受美好和满足，心引领我们向“深度”发展。

马克思主义唯物辩证法认为，矛盾是事物发展的根本动力，矛盾的同一性和斗争性相结合，推动事物的发展。我们的脑和心，其实也是一对矛盾，脑像矛，心像盾，脑和心的同一性和斗争性也在推动着我们人类的成长

如果只有心没有脑，活在当下，但没有方向感，就容易无所事事，停留在原地，难以得到更大的发展。

如果只有脑没有心，着重未来，有明确的方向感，但疲于奔命，因为一直有更大的目标要去达成，就像奔跑的小白鼠，无法停歇，无法满足。

所以，只有心或者只有脑，都不是最佳的状态，只有心脑结

合，既可以享受当下，也可以追求更美好的未来，这样才能收获真正的满足感。

在该用脑的时候用脑，在该用心的时候用心。当我们觉得自己安于现状、缺乏动力的时候，我们知道自己过于走心了，这时候要更多地运用起脑的部分。当我们觉得自己疲于奔命、没有办法活在当下的时候，我们知道自己是在透支生命，这时候要更多地运用起心的部分。

满足感，只有在心和脑之间不断切换时才会产生。

二、作为父母，要从两个层面让孩子拥有满足感

为人父母要保持高度的觉察，既能满足孩子的需要，又懂得让孩子有适度的欲望，心脑结合，推动孩子往更深更广的维度成长。

第一，觉察和照顾孩子每个当下的需要，譬如，好奇心、天赋……

我们要允许不同阶段的孩子去完成不同的事情，收获满足感。

1. 满足孩子的生理需要

在尊重孩子自主感的情况下，照顾好孩子的起居饮食，譬如孩子的“吃”“拉”“睡”等，这些都是孩子最基本的需求。

2. 满足孩子的好奇心需要

在孩子对某件事物表现出好奇的时候，父母要及时回应他，满足孩子的好奇心。

0~3岁是建立概念的数据库的阶段，3~6岁是建立起概念关联的阶段。譬如，一个小孩看到一支笔，他很感兴趣，这时父母告诉他这是笔，孩子很容易就有一个笔的概念。但如果你告诉他：“这是笔，是黑色的笔，你看，笔盖还可以打开的。”孩子就会感觉很混乱。

在孩子六岁前不要教太多知识，而只需要在孩子表现出兴趣的时候教会他简单的概念就可以。不要填鸭式地去教孩子，就像复读机一样，其实孩子并没有吸收。

3. 满足孩子的天赋发展需要

父母要为孩子提供多样化的平台给孩子去体验，比如足球、钢琴、跳舞等，只有见多才能识广，才会知道孩子的需要，才会看到孩子的天赋所在。

第二，带着觉知，不施加父性心尘和母性心尘，不把你的欲望转嫁在孩子身上

创造环境让孩子走他的人生，你只需要去跟随，就像种下一颗种子，只需要给予营养和肥料，不要拔苗助长。

百合花的种子注定了它就是百合花，不会变成玫瑰，如果父母说，为什么你是一株百合，没有玫瑰那么美，你要努力哦，或者说宝宝你长得好像没有玫瑰那么好呀，玫瑰花那么好看，你要改进一下呀，这对于孩子来说非常痛苦。

父母要看到并保护孩子的天性，不要把自己的欲望强加给孩子，而应让孩子依循自己的天赋成长，这样孩子才能真正拥有幸福而自由的人生。

总而言之，要培养孩子的满足感，父母就要懂得满足孩子的成长需要，同时不要把自己的期待、欲望强加给孩子。让孩子自己的头脑欲望和内心需要相互推动，引领他的人生。

第五节 育儿知识问答

育儿知识问答

学员一：孩子的爸爸很喜欢音乐，他自己没有时间去上音乐课，但他很想儿子走上音乐的路。刚开始的时候，孩子并没有很喜欢音乐，只是听爸爸弹一下吉他。爸爸经常带孩子去看吉他、看鼓，到后来孩子说喜欢，爸爸就给他报了学鼓的兴趣班，每个星期都去学鼓。爸爸认为兴趣是培养出来的，所以当他想要给孩子培养什么兴趣时，就直接带他去学，这样的做法算是孩子的兴趣还是我们培养出来的？这样的做法对吗？

答：爸爸期待孩子去学音乐，如果这个孩子照做了，爸爸觉得如释重负，如果他不做，爸爸感觉到压力，这个肯定是爸爸的欲望。

环境构建很重要，孩子可以什么都去体验，然后在体验的过程中发现自己的兴趣所在。

如果孩子喜欢音乐，他的生命里面带着这个天赋，无论过程如何绕来绕去，他都会去做，因为天赋一直都在，就像呼吸发自内心，像肚子饿想吃饭一样，这个力量是不一样的。

所以，第一，不要把未完成事件强加在孩子身上，要接纳每个孩子的独特性；第二，兴趣可以培养，但天赋不可培养；第三，相信如果是孩子的天赋，不管过程如何，孩子最终还是会去完成天赋所在的事件。

学员二：我们说不要施加母性心尘给孩子，也就是说不要给孩子很多期待。我的孩子上课从来都不举手，很不积极，我希望他能主动一点，我要怎么引导，才能让孩子不会感觉到压力，同时又愿意去展示自己？

答：你这里下了一个定义，就是去举手发言才是好，不举手发言就不好。是谁说举手就一定好呢？就好像很多人会定义外向比内向好，但很多成功人士都是偏内向的，其实内向和外向本身并没有好坏之分，为什么要让孩子去展示？一个小小年纪的人要去舞台上跳舞唱歌，除非是孩子的自发性，否则都不必要去强迫孩子。

很多时候父母对孩子的要求并不是站在孩子的角度出发，而是要顾及父母自己的面子。

不要轻易下定义，不要认为这样是好的、那样是不好的，要因人而异，我们要尊重每个人独一无二的天性。

第八章　宁静感

大厦是如何建立的？首先要奠定一个稳固的地基，其次要搭建大厦的框架，再添砖加瓦。学习六感就像在建一栋大厦，要把握孩子0~6岁思维程序建立的关键期，培养孩子的六感，为孩子的人生奠定良好的基础。

教育就是要懂得抓大放小，只要孩子的六感俱足，其他细节都变得自然而简单。现在很多父母看到的孩子身上的各种问题，譬如见到人不打招呼，吃饭、睡觉不按时……这些和安全感、自主感、真实感、满足感、愉悦感、宁静感相比其实都是小问题。学习六感，就是要先注重格局，再注重细节。

第一节　什么是宁静感

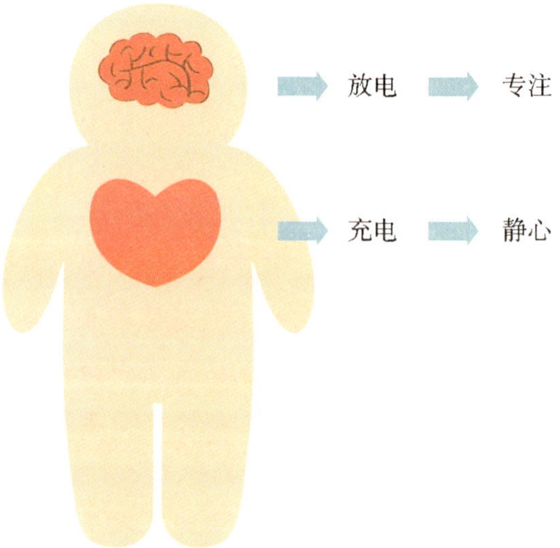

人是宇宙里的一颗微尘，每个人都在追寻健康、安详、知识、繁荣、和谐。总而言之，人们无时无刻不在追求快乐富足的生活，人们为了达到这个状态而努力奋斗。这能够达到吗？答案是肯定的。

人生于天地之间，地是有形的，天是无形的，我们每个人也有有形和无形的部分，我们的身体是有形的，而我们身上有一个能量体，是无形的，有形和无形是互补、互相促进的。

人们每天忙碌不已，消耗身体和精力，有形的身体可以通过食物补充能量，无形的能量体却在不断地消耗着。要如何补充无形的能量体呢？答案就是在完全的宁静感中获得。

宁静感，就是内在和外在都安静，不受任何干扰时候的感觉，

第二节　孩子的宁静感是如何被破坏的

作为父母，在孩子0~6岁的时候，保持孩子的宁静感，就能自然而然地培养好孩子的专注力，孩子有了专注力就有了更好的学习能力。但是孩子的宁静感往往会被有意无意地破坏。

一、过度的人为干扰

现在的大人很难专心地看完一本书，安静地坐几分钟也很难，一坐下来就总是要找点事情干：刷刷手机、看看电视、聊聊天。在家庭里，当大人们无法安静下来的时候，他们就会“找事做”“刷存在感”，就会在有意无意中打破孩子的宁静感。

例子

孩子从幼儿园回来，就在地上快乐地搭着积木。他正玩得高兴的时候，奶奶拿了杯水过来：“孩子，喝口水。”不一会儿，奶奶又在旁边问：“孩子累不累，要不要休息一下？”还没两分钟，奶奶又喊：“孩子要开始收拾玩具，准备吃饭了……”

孩子在玩积木，摆摆这边，摆摆那边，正在琢磨。妈妈在旁边一会儿说：“宝宝，绿色的漂亮，摆一个绿色的。”一会儿说：“宝宝，这个花不是这样的，要这样摆才好看。”然后伸手帮着摆上了一块。

大人总会在孩子玩的时候嘘寒问暖，生怕照顾不周。殊不知，当孩子正在专注地玩时，一会儿问他要不要喝饮料，一会儿问他饿不饿，正在聚精会神玩耍的孩子就会总是处于被打扰的状态中。久而久之，孩子就没有办法进入集中精神的状态，专注力就被破坏了。

有一种打扰很微妙：我不说话，我就坐在你旁边，看着你。大人们的这种“看”也是一种打扰。

还有一种干扰，就是孩子之间的互相打扰。这种情况通常出现在多孩家庭。兄弟姐妹之间可以互相陪伴，但也会互相干扰。所以父母要有意识地为每一个孩子营造独立的空间和时间。

在早教中心时，我经常会观察一些父母，孩子在画画时，根本不是孩子在画，而是大人在画，因为大人怕画得不好看，一直在旁边帮忙、给意见，甚至直接动手，把画描得很好看。这种情况就是在破坏宁静感。

二、物质选择过多

物质丰富的社会，孩子的玩具多不胜数，在孩子的玩具区里，堆放着各种玩具，孩子一下拿起串珠，刚穿了3个珠子，眼睛又盯住了昨天刚买回来的积木，转身刚搭了几块积木，又看到了小汽车，玩了一会小汽车，又被哥哥手上的零食吸引……现在的孩子可选择的太多了，以致往往无法专注。

三、电子产品的危害

我们现在处于一个信息严重爆炸的时代：手机、电视、报纸、微信、微博……铺天盖地而来。

据估算，我们现在一年接收的信息量可能比祖辈一辈子接收的信息量都要大。但是不要忘记，现在的信息量是以前的百倍千倍，但我们的大脑却没有进化到百倍千倍，所以现代人会倍感压力，内在无法安宁。

人和金鱼比，谁更有专注力？金鱼的专注力是六至八秒，而人呢？平时不在工作状态的时候，专注力也比金鱼好不了多少，有时见到一条狗，听见消防车响、有人叫另外一个人、广告……你都会被吸引过去。

信息爆炸的时代，人们与电子产品密切关联，无时无刻不在上网、看手机、刷新闻，低头族横行。电脑和电视严重损伤，甚至几乎毁掉了人类集中注意力的机能。

我们在0~3岁期间会生长出数以十亿计复杂的神经连接，这些精微的神经连接可以使我们保持注意力，并且长时间地把注意力放在同一个物体或过程上。这些神经连接都被过多的信息和电子产品损伤了。

更严重的是，由于我们的注意力机能被严重损伤，我们无法把注意力持续地专注在同一个物体或过程上。

在这样的时代成长的孩子，被各种信息干扰，越来越缺少思考能力，变成电子产品的依赖者。

所以，0~6岁的孩子最好不要接触电子产品，譬如手机、电脑、电视等。为什么电视有那么大的伤害？因为电视的画面是快速移动的，它播的不是一张图片，而是不断在变化的画面。而注意力是点对点才能专注，电视里的画面不断地晃，目标快速移动，表面上孩子在目不转睛地盯着电视，事实是他的注意力在不断地被切断。

电子产品会切割我们的时间，我们接收的信息会呈碎片化。我们学了很多育儿知识，刷个朋友圈、看个电视节目都会学到育儿信息，但我们记得哪些？破碎的信息对学习并不能产生什么效果，只会破坏你的宁静感，影响你的专注力。

例子

比尔·盖茨的爸爸让比尔·盖茨与巴菲特各自在纸上写一个词，说说什么对他们的成功影响最大。他们两个人一翻纸张，上面都写着同一个单词—— Focus，也就是专注。一个能真正专注的人，学习能力更强、更有执行力。

每个人都想成功，但通常成功的都是一小部分人，为什么？最大的原因就是人们的专注力太低，缺乏宁静感。

第三节 如何保护孩子的宁静感

一、给孩子足够的独处时间

如果孩子在专注于某一事物，父母要做到不打扰，不要干涉或主导孩子玩，而是要耐心地观察，在孩子需要的时候给予适当的陪伴和支持。

如果孩子愿意邀请你和他一同游戏，也应该多听听孩子的需要，而不是指手画脚。你确定要和他沟通，也要礼貌征求他的意见，问他是不是需要帮忙，而不要突然就过去打断。

如果家中有多个孩子，父母也要有意识地为他们营造各自的空间和时间，让每个孩子都有自己的独处时间，不要互相打扰。

二、减少物质选项

太多的选择会让孩子分心，因此，给孩子提供太多的选择，相当于给孩子制造困扰，让孩子不容易集中注意力。

父母应该减少选项，引导孩子去关注更有价值的目标，减少家中的玩具，每次让孩子玩的玩具最好不超过两个。

还有，家居环境要做到断舍离，不要买太多的东西，把不需要的东西扔掉，经常清理闲置物品、做好卫生，让孩子在一个干净、整洁、安静、积极的环境成长，这对他的专注力发展尤为重要。

例子

中国的禅宗始祖达摩来中国时，他去了少林寺，用了九年的时间在那里面壁。据说达摩面壁的墙有一个印留在那里。为什么高僧要面壁？一堵墙代表了什么？一堵墙什么都没有，很干净，当你对着一面干净的墙，你的内在会很容易安静下来，就好像对着一张白纸，很清净，不需要去选择、不受打扰，这样才能专注，这是真正的宁静。

三、严格控制孩子接触电子产品的时间

电子产品会极大地破坏孩子的专注力，父母要有意识地做到严格控制孩子接触电子产品的时间，随着孩子年龄的逐步增长，再逐步增加孩子接触电子产品的时长。

作业

你的孩子每天对着电子产品的时间有多长？要控制好这个时间，最好在15~30分钟之内。

四、确保孩子有充足的睡眠时间

一个人达到最高宁静感的方式之一是深度睡眠。确保足够的睡眠，对脑部发育、专注力发展非常重要！睡觉甚至是发呆，对于孩子来说，都是一个充电的时间，孩子的发呆是在体验一个宁静的空间，大人千万不要打扰。

宁静感是孩子学习好的最重要的前提之一，很多父母在孩子上学后，苦恼为什么孩子坐不住，不爱学习、不爱看书、不会自主完成作业等诸多问题。然而，追溯问题的根源，可能就是在孩子0~6岁期间，父母不懂得保护孩子的宁静感，甚至父母就是破坏孩子宁静感的始作俑者。

父母看不到问题的根源，而把所有的责任推卸到孩子身上，想方设法地改变孩子。这对于孩子来说很痛苦，并不是他不想专注地学习，而是他的专注力已经被破坏了，他已经做不到专注了。

所以，在孩子0~6岁期间，父母要懂得培养孩子的宁静感，培养宁静感就是培养专注力。

第四节 育儿知识问答

育儿知识问答

学员：我家有几个孩子，经常打架，互相影响宁静感。但有时觉得白天孩子都各自上学，晚上就希望他们在一起玩，但他们一玩就很乱，总是争抢打闹。但如果晚上也让他们分开，又觉得会影响兄弟姐妹的感情，父母应该怎么做才合适？

答：家里有多个孩子的，父母不可能每天都把他们分开，分开也不便于培养感情，但父母要有意识地偶尔帮助孩子营造宁静的独处空间，譬如把他们分开在不同的房间，让他们有空间和时间做自己的事情。

现在很多家庭让孩子独处的时间非常少，哪怕每天让孩子至少有十分钟的独处时间，对于培养孩子的宁静感也是个很好的开始。从孩子一岁半开始，可以慢慢放手。其实孩子是不喜欢别人一直打扰他的，当你的孩子慢慢有安全感，他是不会喜欢总黏着大人的，而是需要一个宁静的空间。

结语篇

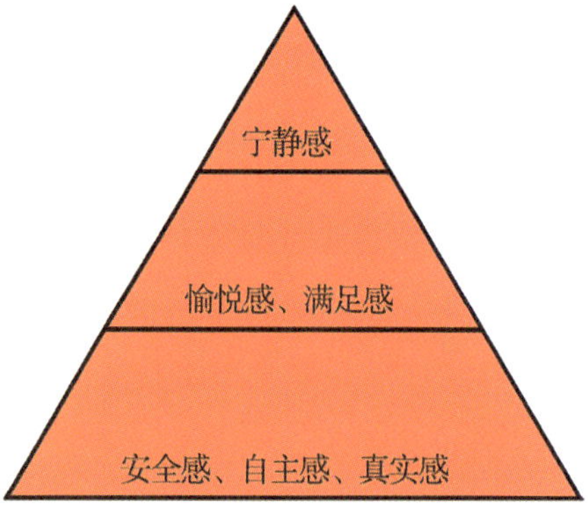

儿童思维程序学一直在研究的是孩子的思维程序是如何运行的，儿童思维程序分为先天思维程序和后天思维程序。先天思维程序没有好坏之分，对于先天思维程序，我们只能尊重或引导；后天思维程序则有好坏之分，对于后天思维程序，我们要区别情况，进行建立或解除。

先天思维程序是孩子与生俱来的，父母要让他按照天性成长，不人为地去破坏他先天的美好品质。

后天思维程序是父母教育孩子的关键，一个孩子降生到世间，犹如一张白纸，在这张白纸上描绘的是七彩的世界还是灰暗的世界，最大的决定权在于父母。所以，父母要懂得为孩子植入良好的思维程序。同时，如果孩子身上已经有了不良的思维程序，父母要懂得帮他解除。这对于孩子的一生来说太重要了，因为思维程序一旦形成，在孩子的一生当中都是自动运行的，这也是“三岁看大，七岁看老”的原因。

0~6岁是孩子成长的黄金时期，因为这个时期的孩子是有心无脑的，他就像海绵一样，全然吸收着来自父母传递的各种信息；他就像白纸一张，逐渐被描绘上各种各样的色彩。如果父母懂得在这个关键时期为孩子构建良好的思维程序，那么孩子长大成人后就会是一个幸福快乐的人；如果孩子的身上构建了不良的思维程序，孩子就会成长为所谓的“问题孩童”。其实真相是，父母才是一切问题的根源。

父母要学会自我反省。我们在文中经常提到“自大的父母”和“追求高效的父母”，这样的父母自己活在老旧的模式中，身上有一堆制约，自己都无法活出绽放的人生，却总在孩子面前扮演无上的权威，以自己仅有的认知来控制小孩按照自己认为好的道路行走，把自认为好的或对的东西强加给孩子。

如果你是一个有许多问题的家长，你很难教育出一个和你不一样的小孩。

《道德经》里有一句话，“处无为之事，行不言之教”，意思就是说，身为家长，即便你什么都不说，孩子依然看得很清楚，孩子就是家长的复印件，他们时刻都在你身上学习如何为人处事。因此，儿童思维程序学，强调的是“育人先育己”。

如果你想为孩子构建良好的安全感，首先你需要慢慢培养你的安全感；如果你希望孩子拥有自主感，首先你要确保自己没有“空心病”；如果你希望孩子活出满足感和愉悦感，首先你自己要满足和愉悦。你活出来的样子，就是孩子以后人生的原型。

儿童思维程序学的教育理念是要培养心脑完美结合的孩子。为什么我们要强调六感？首先，六感是思维程序的核心程序，六感贯穿孩子的一生，自主感、安全感、真实感、满足感、愉悦感、宁静感是教育的重中之重。其次，六感是从孩子的角度出发，考核的是父母的教育方法，反馈的是父母的教育成果。

万物由种子开始，并且每一颗种子都已经具备了成为其独特潜能的一切。

培养孩子的过程就像在种树，当你播下了种子，这颗种子其实已经具备了无限的潜能，作为父母，只要为这颗种子提供合适的土壤以及阳光雨露的滋养，孩子便可以长成如他们所想的最完美的样子。

如果在孩子0~6岁这个成长过程中最重要的阶段，你为他构建了安全感、自主感、真实感、愉悦感、满足感、宁静感这六个核心的思维程序，那么不管孩子的一生当中会遇到什么样的人、经历什么样的事，他都会像一棵参天大树一样深深地扎根于大地，枝繁叶茂。